全国中等职业技术学校电子类专业教材

电子测量与仪器

（第五版）

人力资源社会保障部教材办公室组织编写

中国劳动社会保障出版社

简介

本书主要内容包括电子测量基础，电流与电压的测量，万用表，电阻的测量，时间与频率的测量，测量用信号发生器，示波器与晶体管特性图示仪，智能仪器以及电路综合实训。

本书由朱彦齐主编，张宏、李秀娥副主编，陈惠群、张琳、徐丕兵、王亮、李祥宾、王枫清、杨海燕、付世书参加编写；王建主审。

图书在版编目(CIP)数据

电子测量与仪器/人力资源社会保障部教材办公室组织编写. —5 版. —北京：中国劳动社会保障出版社，2017

全国中等职业技术学校电子类专业教材

ISBN 978 - 7 - 5167 - 3106 - 2

Ⅰ.①电…　Ⅱ.①人…　Ⅲ.①电子测量技术-中等专业学校-教材②电子测量设备-中等专业学校-教材　Ⅳ.①TM93

中国版本图书馆 CIP 数据核字(2017)第 149589 号

中国劳动社会保障出版社出版发行

（北京市惠新东街 1 号　邮政编码：100029）

*

北京谊兴印刷有限公司印刷装订　新华书店经销

787 毫米×1092 毫米　16 开本　10.5 印张　220 千字

2017 年 7 月第 5 版　　2025 年 6 月第 9 次印刷

定价：19.00 元

营销中心电话：400-606-6496

出版社网址：http://www.class.com.cn

http://jg.class.com.cn

前　言

为了更好地适应全国中等职业技术学校电子类专业的教学要求，全面提升教学质量，人力资源社会保障部教材办公室组织有关学校的骨干教师和行业、企业专家，对全国中等职业技术学校电子类专业教材进行了修订和补充开发。此项工作以人力资源社会保障部颁布的《技工院校电子类通用专业课教学大纲（2016）》《技工院校电子技术应用专业教学计划和教学大纲（2016）》《技工院校音像电子设备应用与维修专业教学计划和教学大纲（2016）》《技工院校通信终端设备制造与维修专业教学计划和教学大纲（2016）》为依据，充分调研了企业生产和学校教学情况，广泛听取了教师对现行教材使用情况的反馈意见，吸收和借鉴了各地职业技术院校教学改革的成功经验。

教材体系

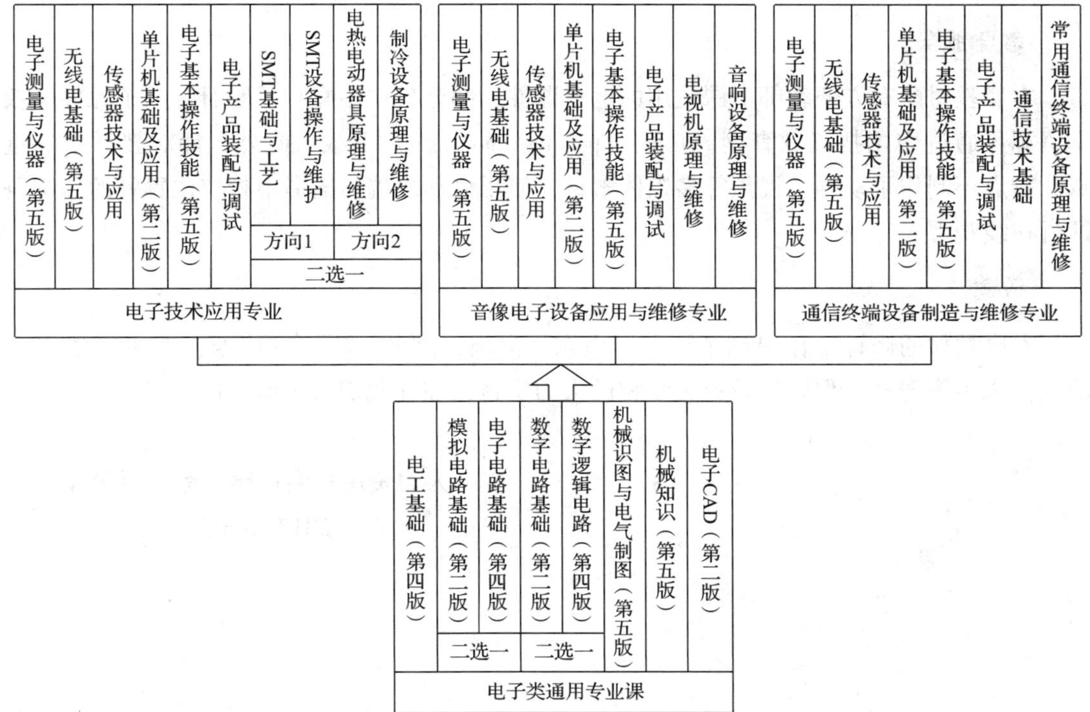

使用对象

电子技术应用专业、音像电子设备应用与维修专业、通信终端设备制造与维修专业中级、高级两个层次和以下 3 种学制：

- 初中毕业生 3 年学制培养中级工
- 高中毕业生 3 年学制培养高级工（中级阶段）
- 初中毕业生 5 年学制培养高级工（中级阶段）

编写特色

◆ **紧贴国家职业标准**　紧密贴合《中华人民共和国职业分类大典（2015 年版）》中对广电和通信设备电子装接工、广电和通信设备调试工、家用电器产品维修工、家用电子产品维修工等职业的职业能力要求，同时参照相关国家职业标准。

◆ **体现行业技术发展**　根据电子行业的最新发展，在教材中充实了电子产品表面贴装、数字电视维修、智能手机维修等方面的新技术，体现教材的先进性。

◆ **注重职业能力培养**　根据就业岗位对技能型人才所需能力的要求，进一步加强实践性教学内容。同时，在教材中突出对学生获取信息、与人交流、分析解决问题以及自学等职业能力的培养。

◆ **符合学生阅读习惯**　在教材内容的呈现形式上，尽可能使用图片、实物照片和表格等形式将知识点生动地展示出来，力求让学生更直观地理解和掌握所学内容。

教学服务

本套教材配有方便教师上课使用的电子课件，部分教材还配有习题册，电子课件等教学资源可通过中国技工教育网（http://jg.class.com.cn）下载。此外，针对教材中的重点、难点还制作了动画、视频等多媒体素材，使用移动终端扫描书中相应位置处的二维码即可在线观看。

致谢

本次教材的修订工作得到了江苏、山东、河南、湖北、广东、广西、四川等省（自治区）人力资源社会保障厅及有关学校的大力支持，在此我们表示诚挚的谢意。

人力资源社会保障部教材办公室

2017 年 6 月

目　录

模块一　电子测量基础

现实生活离不开测量，如人们用米尺测量物体的长度，用天平测量物体的质量，用计时器测量时间等；在科学实验和生产实践中，更是离不开测量技术。电子测量是指对电子技术中各种电参量进行的测量。例如，日常生活中用到的220 V交流电，需要用什么仪器对它进行测量？如何测量？测量结果如何？对误差应该如何处理？本模块将对电子测量的这些基本问题展开讨论。

§1—1　电子测量概述

学习目标

1. 理解电子测量的概念。
2. 了解电子测量的特点。
3. 掌握电子测量的基本方法。

测量的目的是准确地获取被测参数的真实值。在这一过程中，往往需要借助专门的仪器和设备，将被测量与同类标准量进行比较，从而得到用数值和单位共同表示的测量结果。测量结果 = 测量数值 + 测量单位。

一、电子测量

从广义上来说，凡是利用电子技术进行的测量都可以称为电子测量；从狭义上来说，电子测量是指在电子学中测量有关电的量值，它包括的内容主要有：

1. 电能量的测量

电能量的测量包括对各种电压、电流、电功率的测量。

2. 电子元件参数的测量

电子元件参数的测量包括对电阻、电感、电容、品质因数、晶体管各种参数的测量。

3. 电信号的波形及特性的测量

电信号的波形测量可以直观地观察到各种电信号的波形，电信号的特性测量包括各种电信号的幅度、频率、周期和失真度等参数的测量。

4. 电子设备性能的测量

电子设备性能的测量包括对电路的放大倍数、灵敏度、通频带、噪声系数等技术指标的测量。

5. 特性曲线的测量

特性曲线的测量包括对电路的频率特性曲线、器件的伏安特性曲线等的测量。

小提示

与其他测量相比，电子测量具有以下几个明显特点：

（1）测量频率范围极宽。

（2）电子测量仪器的量程很广。

（3）测量准确度高。

（4）测量速度快。

（5）易于实现遥测和长期不间断的测量。

（6）易于实现测量过程的自动化和测量仪器的微机化。

二、电子测量仪器

用于检测或测量一个量或为测量目的供给一个量的器具称为测量仪器。利用电子技术测量电或非电量的测量仪器称为电子测量仪器。电子测量仪器种类繁多，一般可分为专用仪器和通用仪器两大类。前者是指为某一个或几个专门目的而设计的电子测量仪器，如电视彩色信号发生器；后者是指为测量某一个或几个电参数而设计的电子测量仪器，它们能用于多种电子测量，如电子示波器等。

通用电子测量仪器按其功能可分为信号发生器，信号分析仪器，频率、时间测量仪器，电子元器件测试仪器和辅助仪器。按显示方式又可分为模拟式和数字式两大类。前者主要是用指针方式直接将测量结果在标度尺上指示出来，如各种模拟式万用表和电子电压表等；后者是将被测的连续变化的模拟量转换成数字量之后，用数字方式显示测量结果，以达到直观、准确、快速的效果，如各种数字电压表、数字频率计等。

小提示

电子测量仪器的种类繁多，用途也各不相同，在测量中应合理选择和使用。

三、电子测量的方法

为实现测量目的，正确选择测量方法是极其重要的，它直接关系到测量工作能否正常进行和测量结果的有效性。测量方法主要有以下几种：

1. 直接测量法

凡能用直接指示的仪器仪表直接读取被测量值，而无须度量器直接参与的测量方法，叫作直接测量法。如电流表测量电流、电压表测量电压、兆欧表测量电阻等，都属于直接测量法，如图 1—1—1 所示。

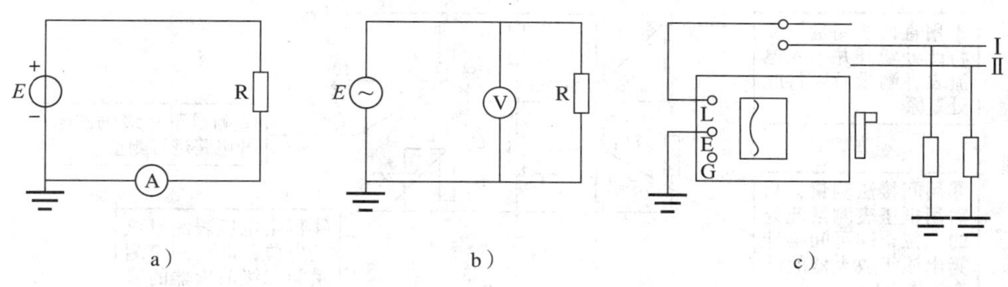

图 1—1—1 直接测量法

a) 电流表测量电流 b) 电压表测量电压 c) 兆欧表测量电阻

小提示

直接测量法具有操作简便、读数迅速等优点，但直接测量法除受到仪表本身基本误差的限制外，还由于仪表接入被测电路后，其内阻会使被测电路的工作状态发生变化，因而这种测量方法的准确度较低。

2. 间接测量法

间接测量法是指测量时必须首先测出与被测量有关的电量，然后通过计算才能求得被测量数值的方法。例如，伏安法测量电阻就属于间接测量法，它是先用电压表和电流表测出电阻两端的电压和通过电阻的电流，然后根据欧姆定律计算出被测电阻值的方法，如图 1—1—2 所示。

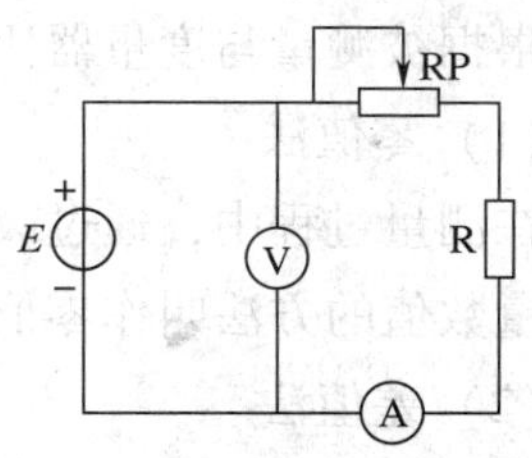

图 1—1—2 伏安法测量电阻

小提示

间接测量法的准确度比直接测量法的低，但是在准确度要求不高的一些特殊场合使用特别有益，如用间接测量法测量晶体管放大器的直流静态工作点。

用间接测量法测量晶体管放大器的直流静态工作点

过去，要测量晶体管放大器的静态工作点，一般都采用直接测量法测量其集电极电流 I_c，这样既浪费时间，又容易损坏电路板。

现在，在修理电子电器时，大都采用间接测量法测量其集电极电流 I_c，如图 1—1—3 所示。测量时只需要用万用表测量三极管发射极的电位，就能通过 $I_c \approx I_e = \frac{U_e}{R_e}$ 近似求得静态工作点 I_c。

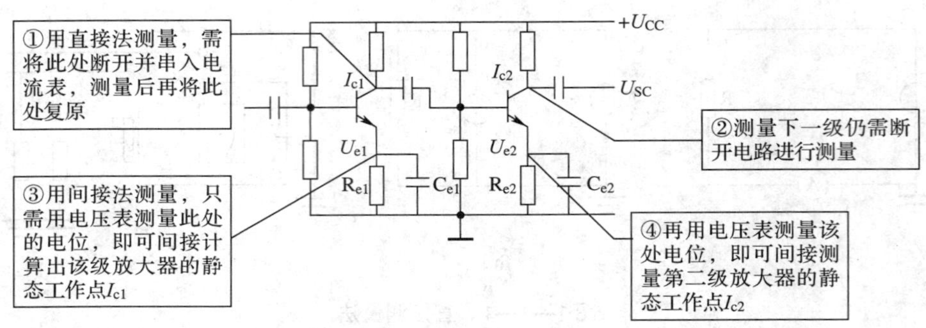

图 1—1—3　用直接测量法和间接测量法测量放大电路的直流静态工作点

用间接测量法测量放大电路的直流静态工作点，虽然准确度较低，但是由于其方便、快捷，又不会损坏电路板，故得到了广泛应用。

3．比较测量法

凡在测量过程中需要度量器的直接参与，并通过比较仪表来确定被测量数值的方法叫作比较测量法。

根据被测量与度量器比较方式的不同，比较测量法可分为以下 3 种：

（1）零值法

在测量过程中，通过改变标准量，使其与被测量相等（即两者差值为零），从而确定被测量数值的方法叫作零值法，又称为平衡法。例如，用电桥测量电阻。

（2）差值法

利用被测量与标准量的微小差值作用于测量仪表，从而确定被测量数值的方法，称为差值法。例如，用不平衡电桥测量电阻。

（3）代替法

在测量过程中，用已知标准量代替被测量，若维持仪表原来的读数不变，则被测量必等于已知标准量，这种测量方法叫作代替法。

比较测量法的优点是准确度高；缺点是设备复杂，价格较高，操作烦琐，通常适用于测量要求较高的场合。如欲精确测量电阻值时，应选用直流电桥进行测量。

小提示

进行测量之前，应根据被测量的特点、所需要的测量准确度、环境条件以及具有的测量设备等进行综合考虑后，确定采用哪种测量方法及选择哪些测量设备，只有这样才能保证不损坏被测对象和所用仪器，减小测量误差。

如果测量方法或测量仪器选择不当，可能出现以下几种情况：

（1）测量数据不准确，误差大。

（2）损坏测量仪器。

（3）损坏被测对象。

合理选择测量方法和测量仪器是电子测量的基本问题。

§1—2　测量误差及表示方法

1. 熟悉测量误差产生的原因。

2. 掌握测量误差的处理方法。

无论是由于测量仪表本身的误差、所用测量方法不完善、量程选择不合适等引起的误差，还是其他因素（如外界环境变化、操作者观测经验不足等）引起的误差，最终都会在测量结果上反映出来，即造成测量结果与被测量实际值存在差异，这种差异称为测量误差。本节主要介绍测量误差的分类、产生测量误差的原因以及消除方法。

根据产生测量误差的原因不同，测量误差可分为系统误差、偶然误差和疏失误差三大类，它们产生的原因及消除方法如下：

一、系统误差

系统误差是指在相同条件下多次测量同一量时，误差的大小和符号均保持不变，而在条件改变时遵从一定规律变化的误差。

产生系统误差的原因很多，需要根据不同的原因采用不同的消除方法。

1. 测量仪表的误差

包括测量仪表本身不完善而造成的基本误差，以及由于仪表工作条件改变而造成的附加误差。要消除这类误差，可以重新配置合适的仪表或对测量仪表进行校正，同时要尽量满足仪表要求的工作条件。

2. 测量方法的误差

即由于测量方法不完善而引起的误差。例如，利用间接测量法时采用了近似公式，以及未考虑仪表内阻对测量结果的影响等。其消除方法是重新选用合适的测量方法。

3. 仪表受外磁场的影响而产生的误差

由于外磁场而影响仪表内部的工作磁场，从而造成的系统误差。消除此类误差可采用正负误差补偿法。

小提示

正负误差补偿法：即对同一被测量进行两次测量，使测量结果中的系统误差一次为正，一次为负，取其结果的平均值后，就能消除这种系统误差。例如，为消除外磁场对电流表读数的影响，可将电流表放置的位置调换180°后再测量一次，则在两种位置下测得结果的误差符号必然是一正一负，取其平均值后，就能消除这种由外磁场影响而引起的系统误差。

4. 仪表本身不完善和外界因素影响造成的误差

对于此类误差可采用以下两种方法加以消除：

（1）采用替代法

用已知量去代替被测量，并使仪表的工作状态保持不变。于是，由已知量的数值便可求得被测量（两者相等）。这样，仪表本身的不完善和外界因素的影响对测量结果就不会发生作用，从而消除了系统误差。

（2）对于已知仪表校正曲线的情况，可引入校正值

将相应的校正值引入到测量结果中，即把测量值加上相应的校正值，从而消除系统误差。

二、偶然误差

偶然误差是一种由偶发原因造成的大小和符号都不固定的误差，又称为“随机误差”。

偶然误差主要由外界环境的偶发性变化引起。例如，外电场、磁场的突变，温度、湿度的突变，电源电压、频率的突变等，使得在重复测量同一量时，其结果不完全相同，从而产生偶然误差。

实际中，一次测量结果的偶然误差没有规律，但多次测量中的偶然误差是服从统计学规律的。这种规律是：随着测量次数的增多，绝对值相等、符号相反的偶然误差出现的次数基本相等。因此，通常采用增加重复测量次数，再取算术平均值的方法来消除偶然误差对测量结果的影响。

小提示

实践证明，测量次数越多，偶然误差的算术平均值就越接近于实际值。

三、疏失误差

疏失误差是一种严重歪曲测量结果的误差，又称为“粗大误差”。

疏失误差主要由于操作者的粗心和疏忽造成，如测量中读数错误、记录错误、算错数据等。另外也包括由于操作者素质太差，不懂如何正确读数而造成的误差。

小提示

对含有疏失误差的测量结果应抛弃不用。消除疏失误差的根本方法是加强操作者的工作责任心，倡导认真负责的工作态度，同时要提高操作者的素质和技能水平。

§1—3 测量结果的处理

1. 熟悉测量误差的表示方法。
2. 掌握测量数据的分析和处理。

数据处理的任务就是对测量所获得的一系列数据进行深入分析，以便得到各被测量之间的关系，有时还需要用到数学分析的方法，推导出各被测量之间的函数关系。通过数据处理可以确定并表示出输入量与输出量之间的关系，从而揭示出事物的本质及事物之间的内在联系。

一、测量数据的表示方法

处理测量数据的方法有表格法、图示法和经验公式法。

1. 表格法

在自然科学的实验和工程技术中，经常需要把一系列测量数据列成表格，再进行其他的处理。表格法虽然简单、方便，但要进行深入的分析，用表格法就不适宜了。因为表格不能给出所有数据的函数关系，而且从表格中不容易看出自变量变化时函数的变化规律，只能大致估计函数是递增还是递减的、是否是周期性变化的。列成表格是为了表示测量值、测量结果及方便以后的计算，同时它也是图示法和经验公式法的基础。

2. 图示法

图示法就是把测量结果中有关量的关系用图形的方式表示出来。它的最大优点是形象、直观，从图形中可以很直观地看出函数的变化规律，如递增或递减、最大值和最小值及是否有周期性变化规律等。但是，图形只能得出函数的变化关系或变化趋势，而不能进行数学分析。

作图时通常采用直角坐标系，具体方法一般是先按成对数据（x，y）描点，再连成曲线。但要注意使连出的曲线光滑、匀整，并尽量使曲线与所有各点接近，不强求通过各点，要使位于曲线两边的点数尽量相等。曲线是否能反映出函数关系，在很大程度上还取决于图形比例尺的选取，即决定于坐标的分度是否适当。坐标比例尺的选取没有严格的规定，要具体问题具体分析。

3. 经验公式法

在科学实验和工程技术中经常用与图形对应的公式来表示所有的测量数据，并把与曲线对应的公式称为经验公式。

把全部测量数据用一个公式来代替，不仅简明扼要，而且可以对公式进行必要的数学运算，便于研究各自变量与函数之间的关系。因此，经验公式法是科学实验中最常使用的一种方法，有时把这种公式又称为数学模型。

二、测量数据的分析和处理

在测量过程中，若影响测量误差的各种因素并不改变，如在相同的环境条件下，由同一测量人员、在同一台仪器上、采用同样的测量方法、对同一被测量进行次数相同的测量，这种测量称为等精密度测量。等精密度测量所得到的一组数据中，可能同时包含系统误差、偶然误差和疏失误差，为得到合理的测量结果，必须对所测量数据进行分析和处理。下面简单介绍假设系统误差已经消除的情况下，等精密度测量数据的处理步骤。

（1）按照实际情况需要，将测量的数据正确地表示出来，如用列表法将测量数据按测量先后顺序列于表中。

（2）求出算术平均值。

根据统计学知识，测量的结果以多次测量同一被测量的算术平均值为最可靠。测量次数越多，测量结果越准确。设每次测量结果为 x_i，$i=1$，2，3，…，n（n 为测量次数），则测量结果的平均值为

$$\overline{x}=\frac{\sum x_i}{n}$$

（3）计算每次测量的绝对误差。

把任意一次测量值 x_i 与测量结果的平均值 $\overline{x}$ 相减就得出每次测量的绝对误差（或称为剩余误差），即

$$\Delta_i = x_i - \overline{x}$$

（4）计算均方根误差。

在对每一组绝对误差进行分析时，可排除或减小由系统误差带来的影响。在此基础上这组测量结果的误差按均方根误差计算最为合理，其表达式为

$$\delta=\sqrt{\frac{\sum \Delta_i{}^2}{n}}$$

（5）判断是否存在疏失误差。

将均方根误差与各个绝对误差进行比较，去除超过均方根误差 3 倍的测量值（这些项可被视为疏失误差），再重新计算平均值和均方根误差，直到不存在疏失误差（即各项绝对误差都小于 3δ）为止。

（6）给出测量结果的报告值。

测量结果的报告值由两部分组成，即由测量结果和测量误差组成，其表达式为

$$x=\bar{x}\pm\delta=\frac{\sum x_i}{n}\pm\sqrt{\frac{\sum\Delta_i^2}{n}}$$

上式中的第一项表示测量结果，第二项表示测量误差。

在计算过程中，为避免累加误差，可保留 2 位欠准确数字。但是最后的测量结果应按照有效数字的规定处理，即只有最后一位是欠准确数字。

【例 1—3—1】 对某电路电压进行 10 次等精密度测量，利用修正值对测量值进行修正后，具体数值如下：210.4，209.8，209.7，209.6，210.3，210.1，209.9，210.2，209.9，210.1（单位为 V），要求对测量数据进行处理。

解：

（1）由测量值 U_{x_i} 求算术平均值 $\bar{U}$，将计算结果填入表 1—3—1 中。

（2）计算每次测量的绝对误差 Δ_i，将计算结果填入表 1—3—1 中。

（3）判断疏失误差。

全部数据的绝对误差都小于 3δ，表明测量值都为合格数据，无疏失误差。

（4）测量结果的报告值为

$$x=\bar{x}\pm\delta=\frac{\sum x_i}{n}\pm\sqrt{\frac{\sum\Delta_i^2}{n}}=(210.0\pm0.2)\text{ V}$$

表 1—3—1　**测量数据**

n	U_{x_i}	Δ_i	n	U_{x_i}	Δ_i
1	210.4	0.4	6	210.1	0.1
2	209.8	−0.2	7	209.9	−0.1
3	209.7	−0.3	8	210.2	0.2
4	209.6	−0.4	9	209.9	−0.1
5	210.3	0.3	10	210.1	0.1
算术平均值 $\bar{U}=210.0$ V，均方根误差 $\delta=0.2$ V					

有效数字的处理

一、有效数字的表示

有效数字一般由两部分组成，前几位数字是准确可靠的，称为可靠数字，而最后一位有效数字通常是在测量中估计读出的，也可以是按规定取舍后得到的不可靠数字，称为欠准确数字。所有的测量数据都必须用有效数字表示。如用一块 100 V 的电压表（每小格为

1 V）测量电压时，指针指在 81 V 和 82 V 之间，可读取为 81.4 V，其中数字“81”是准确可靠的，称为可靠数字，而最后一位“4”是估计出来的不可靠数字，称为欠准确数字，两者结合起来称为有效数字。对于“81.4”这个读数，有效数字是三位。

表示有效数字时要注意以下几点：

（1）记录测量数值时，每一个数据只能有一位数字（最末一位）是估计读数，而其他数字都必须是准确读出的。

（2）数字“0”在数据中可以是有效数字，也可以不是，这主要根据它是否表示准确度来判断。一般地讲，数据左起第一位非零数字左边的“0”不是有效数字，而右边的“0”都是有效数字。这是因为第一位非零数字左边的“0”可以通过单位变换去掉，它不表示数据的准确度，只反映所使用单位的大小；而第一位非零数字右边的“0”，特别是最末一位“0”表示了数据的大小和准确度，不能随意去掉。例如，0.05 310 MHz，它有 5、3、1、0 四位有效数字，而在其左边的两个“0”都不是有效数字，若把单位换为 kHz，则数据变为 53.10 kHz，左边两个“0”被去掉，仍然有四位有效数字，但不能把最末一位的“0”去掉，因为它表示该数据准确到十万分之一（若以 kHz 为单位，则表示准确到百分之一）。

（3）为了明显地表示有效数字的位数，通常把数据用有效数字乘以 10 的幂次的形式表示。并且规定，10 的幂次前面的数字都是有效数字。例如，8.20×10^4 V，表示它只有三位有效数字，而如果写成 82 000 V，则无法确定最后两个“0”是否是有效数字。

二、有效数字的取舍规则

在对测量数据进行运算之前，必须首先对测量值进行取舍处理。如果有效数字的位数 n 已经确定，则多余的位数应一律舍去，取舍规则为：

（1）若第 n 位数后面的数值大于 5，则第 n 位数加 1。例如，要求把 0.16 保留到小数点后一位数，结果应为 0.2。

（2）若第 n 位数后面的数值小于 5，则第 n 位数后面的数全部舍去。例如，要求把 0.63 保留到小数点后一位数，结果为 0.6。

（3）若第 n 位数后面的数值等于 5，应视前面（第 n 位）的数字而定：若第 n 位数为偶数，则舍去不进，即末位数不变；若第 n 位数为奇数，则舍 5 进 1，即末位数加 1。例如，把 0.250 和 0.350 保留到小数点后一位数，结果分别为 0.2 和 0.4。

上述取舍规则可简单概括为：四舍六入五配偶。

【例 1—3—2】 对下列数据进行取舍处理，要求小数点后只保留 2 位。

1.985　　3.854 6　　1.995　　4.545 2　　16.372 0　　32.455 0

解： 因为题目要求小数点后只保留 2 位，所以按照“四舍六入五配偶”的原则进行取舍。

1.985→1.98　（8 为偶数，后面的 5 应舍去不进）

3. 854 6→3. 85　（后面的 4、6 舍去）

1. 995→2. 00　（9 为奇数，后面的 5 应进 1）

4. 545 2→4. 54　（4 为偶数，后面的 5、2 应舍去不进）

16. 372 0→16. 37　（后面的 2、0 应舍去）

32. 455 0→32. 46　（5 为奇数，后面的 5 应进 1）

如果所拟舍去的部分，并非单独一个数字时，不得对该数字进行连续取舍，要根据所要舍去的数字中最左边的第一个数字的大小，按上述取舍规则进行取舍。

【例 1—3—3】 将 25. 454 6 进行取舍处理，要求保留整数。

不正确的做法：25. 454 6→25. 455→25. 46→25. 5→26

正确的做法：25. 454 6→25

数据经过取舍后，末位就是欠准确数字，末位以前的数字是准确数字。由取舍规则可知，取舍误差不会大于末位单位的一半，故此种规则称为“0. 5 误差原则”。

三、有效数字的运算规则

处理数据时，常常需要运算一些准确度不相等的数值。按照一定的规则进行计算，既可以提高计算速度，又不会因数字过少而影响计算结果的准确度。常用运算规则如下：

1. 加减运算

首先对各个数值进行取舍，使各数取舍到比小数点后位数最少的那项数值多保留一位小数；然后再进行加减运算；最后对运算结果进行取舍，使其小数点后的位数与原各项数值中小数点后位数最少的项相同。

【例 1—3—4】 计算 24. 05 + 0. 032 + 4. 705 1 = ?

解： 先对各项数据进行取舍。原式中，数据 24. 05 的小数点后有两位数字，故其他数据的小数点后应保留三位数字，即 0. 032 不变，4. 705 1 取舍为 4. 705。

然后进行运算：

原式 = 24. 05 + 0. 032 + 4. 705 = 28. 787

最后将结果 28. 787 取舍为 28. 79。

2. 乘除运算

和加减运算的步骤相类似，首先要对各项数值进行取舍，使各数值取舍到比有效数字位数最少的那项数值多保留一位有效数字；然后再进行乘除运算；最后对运算结果进行取舍，使其有效数字的位数与原有效数字位数最少的那个数值相同。

【例 1—3—5】 计算 1. 057 82 × 14. 21 × 4. 52 = ?

解： 原式中，数据 4. 52 的有效数字位数最少，故将 1. 057 82 取舍为 1. 058，14. 21 和 4. 52 不变。

原式 = 1. 058 × 14. 21 × 4. 52 = 67. 954 493 6

对结果进行取舍，即 67. 954 493 6 取舍为 68. 0。

3. 乘方及开方运算

按照正常的乘方及开方进行运算，运算结果比原数多保留一位有效数字即可。

【例 1—3—6】 计算 $(25.6)^2=?$

解： $(25.6)^2=655.36$

由于原数 25.6 只有三位有效数字，故运算结果比原数多保留一位有效数字，即结果应等于 655.4。

实训

电流表和电压表的校验及误差计算

一、实训目的

1. 掌握电流表和电压表的使用方法。
2. 了解电流表和电压表的校验方法。
3. 熟悉误差的概念及计算方法。

二、实训设备与工具（表 1—3—2）

表 1—3—2　　实训设备与工具

名称	代号	规格	数量
直流稳压电源	U	0 ~ 15 V，1 A	1 台
调压器	T1	220 V，1 kVA	1 台
变压器	T2	220/36 V，100 VA	1 台
交、直流电流表	PA_X	200 mA，2.5 级	各 1 只
交、直流电流表	PA_0	200 mA，0.5 级	各 1 只
交、直流电压表	PV_X	15 V，2.5 级	各 1 只
交、直流电压表	PV_0	15 V，0.5 级	各 1 只
可调电阻	R1、R2	1 kΩ，1 W	2 只
可调电阻	R3	100 Ω，2 W	1 只
可调电阻	R4	10 Ω，2 W	1 只

三、实训内容与步骤

1．外观检查

主要检查仪表的外壳、指针、端钮、调零器、刻度盘等是否完好无损；指针转动是否灵活，有无卡阻现象；必要的标志和极性符号是否清晰；表内有无脱落元件等。

2．直流电流表的校验

（1）将电流表进行机械调零后，按图 1—3—1 接线。将可调电阻 R1、R2、R3 调至最大电阻位置，R4 调至最小电阻位置。

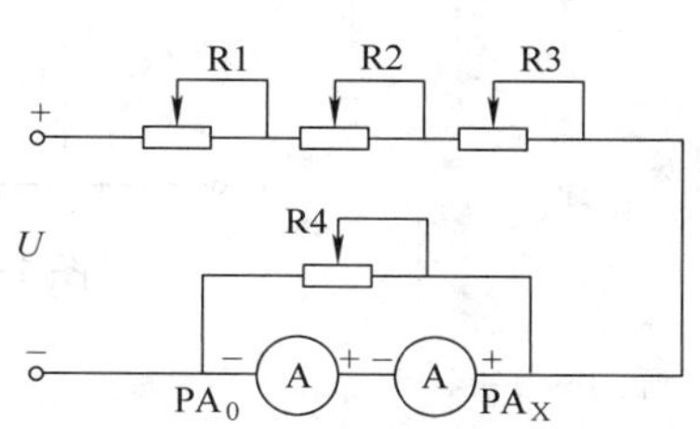

图 1—3—1　直流电流表的校验电路

（2）接通电源，缓慢调节各可调电阻 R1、R2、R3、R4 的阻值，使流过电流表的电流逐渐增大。当被校表 PA_X 的指针依次指到 40 mA、80 mA、120 mA、160 mA 和 200 mA 时，分别记录下对应的标准表 PA_0 的读数，并填入表 1—3—3 中。然后调节各可调电阻，使指针偏转到满刻度位置。

（3）再缓慢调节各可调电阻，使电流均匀减小。当被校表的指针指到 200 mA、160 mA、120 mA、80 mA 和 40 mA 时，分别记录下对应的标准表 PA_0 的读数，也填入表 1—3—3 中。

（4）将标准表在每个测试点（如在 40 mA 点）的两次读数的算术平均值作为被测量的实际值填入表 1—3—3 中。

（5）逐点求出各测试点上的实际值与被校表读数之差，即绝对误差 Δ。取其中最大的差值作为被校表的最大绝对误差 Δ_m，填入表 1—3—3 中。

（6）根据最大绝对误差 Δ_m 与被校表的量程 A_m，求出被校表的准确度等级 $\pm K\%$，并填入表 1—3—3 中。

表 1—3—3　　直流电流表的校验数据记录

被校表读数（mA）		40	80	120	160	200
标准表读数（mA）	增大时					
	减小时					
实际值（mA）						
绝对误差（mA）						
Δ_m =				$\pm K\%$ =		

3. 交流电流表的校验

按照图 1—3—2 所示校验电路接线后，利用调节自耦调压器 T1 和可调电阻 R1 来改变电流的大小，其他步骤与校验直流电流表完全相同。将实验结果填入表 1—3—4 中。

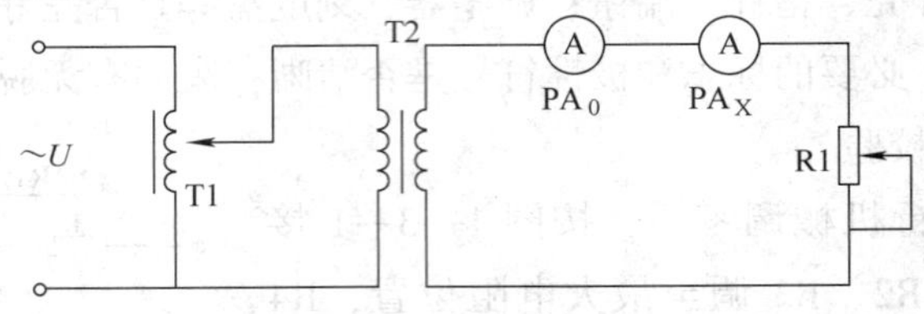

图 1—3—2　交流电流表的校验电路

表 1—3—4　　交流电流表的校验数据记录

被校表读数（mA）		40	80	120	160	200
标准表读数（mA）	增大时					
	减小时					
实际值（mA）						
绝对误差（mA）						
Δ_m =				±K% =		

4. 直流电压表的校验

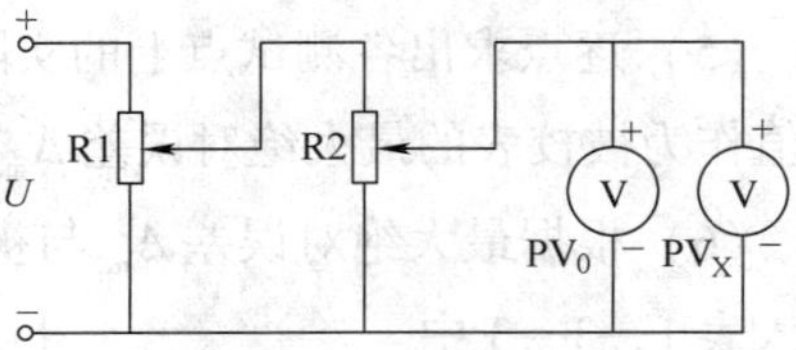

（1）先将电压表进行机械调零后，按图 1—3—3 进行接线，并将可调电阻 R1、R2 的滑动触头调至最下端，使电压表读数为零。

图 1—3—3　直流电压表的校验电路

（2）接通电源后，调节可调电阻 R1、R2，使电压逐渐升高。当被校表 PV_X 的指针依次指到 3 V、6 V、9 V、12 V、15 V 时，分别记录标准表 PV_0 对应的读数，填入表 1—3—5 中。

（3）缓慢调节 R1、R2，使电压均匀下降。当被校表 PV_X 的指针依次指到 15 V、12 V、9 V、6 V、3 V 时，记录标准表 PV_0 对应的读数，也填入表 1—3—5 中。

（4）将标准表在每个测试点的两次读数的算术平均值作为被测量的实际值填入表 1—3—5 中。

（5）逐点求出各测试点上实际值与被校表读数之差，即绝对误差 Δ。取其中最大的差值作为被校表的最大绝对误差 Δ_m，填入表 1—3—5 中。

（6）根据最大绝对误差 Δ_m 与被校表的量程 A_m，求出被校表的准确度 ±K%，并填入表 1—3—5 中。

表 1—3—5　　直流电压表的校验数据记录

被校表读数（V）		3	6	9	12	15
标准表读数（V）	升高时					
	下降时					
实际值（V）						
绝对误差（V）						
Δ_m =				± $K\%$ =		

5. 交流电压表的校验

按照图 1—3—4 所示校验电路接线后，利用调节自耦调压器 T1 和可调电阻 R1 来改变电压的高低，其他步骤与校验直流电压表完全相同。将实验结果填入表 1—3—6 中。

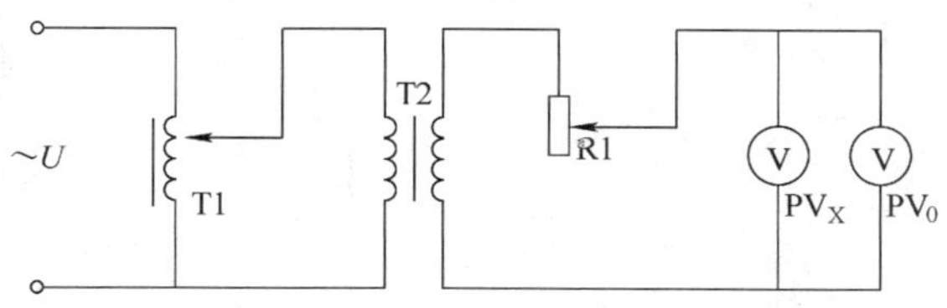

图 1—3—4　交流电压表的校验电路

表 1—3—6　　交流电压表的校验数据记录

被校表读数（V）		3	6	9	12	15
标准表读数（V）	升高时					
	下降时					
实际值（V）						
绝对误差（V）						
Δ_m =				± $K\%$ =		

（1）为减小标准表与被校表之间磁场的相互影响，校验过程中，两表放置位置不宜太近，一般应距离 1 m 以上。

（2）校验前，应先将仪表指针调至零位，然后均匀、顺序地上升到各测试点，直至指针指到满刻度位置为止。接着，再从满刻度位置均匀、顺序地下降到各测试点。特别强调，无论在上升或下降过程中，指针均不得有回调现象。

（3）校验过程中应特别注意安全操作。

模块二　电流与电压的测量

在日常生活中，经常需要测量电流和电压，如测量电源电路中的交流输入电压、直流输出电压等。测量直流电流和电压的仪表称为直流电流表和直流电压表，测量交流电流和电压的仪表称为交流电流表和交流电压表。

§2—1　直流电流表与电压表

学习目标

1. 了解直流电流表与电压表的基本组成和主要技术指标。
2. 熟悉直流电压和电流的测量原理。
3. 掌握直流电流表与电压表的使用方法。

对于直流电流表和电压表而言，它们的核心都是磁电系测量机构，也称为磁电系表头。实际中，只要在磁电系测量机构的基础上配合适当的测量线路，就能够组成各种形式、各种量程的直流电流表和电压表。如果再配合整流器，还能用来测量交流电流和交流电压，其应用非常广泛。本节首先学习磁电系测量机构的结构和工作原理，在此基础上学习利用磁电系测量机构制成的直流电流表和电压表的组成及工作原理。

一、磁电系测量机构

1．磁电系测量机构的结构

磁电系测量机构主要由固定的磁路系统和可动的通电线圈组成，其结构如图 2—1—1 所示。

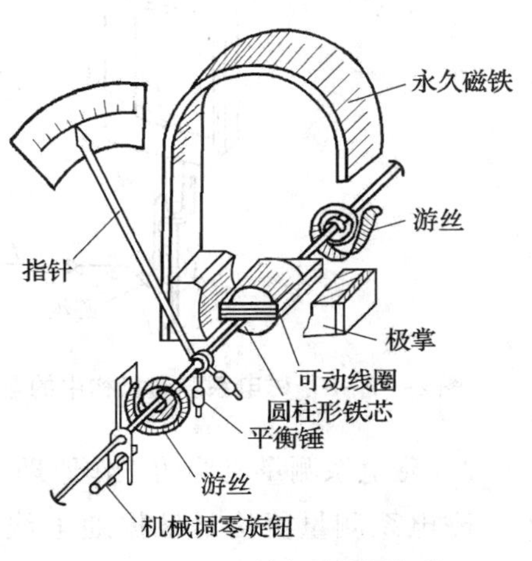

图 2—1—1　磁电系测量机构

固定的磁路系统主要包括永久磁铁、固定在磁铁两极的极掌，以及处于两极掌之间的圆柱形铁芯。圆柱形铁芯固定在仪表的支架上，其作用是减少磁路系统的磁阻，并能使极掌和铁芯之间的气隙中形成均匀的辐射状磁场（极掌与圆柱形铁芯之间留有很小的空隙，便于可动线圈在空隙中转动）。可见，固定的磁路系统其作用主要是产生一个很强的均匀磁场。

磁电系测量机构中的可动部分主要是一个通电线圈。为提高仪表灵敏度，可动线圈要求应尽可能地轻些。因此，一般可动线圈所用导线的直径都非常小，机械强度也很低，不易制作成型，所以安装时要把它绕在一个用薄铝皮做成的矩形框架上。该框架不但起着支撑线圈的作用，同时还是产生阻尼力矩的装置。铝线框的两端固定装有转轴，转轴的另一端通过轴尖支撑于轴承中，即轴尖轴承支撑装置。在转轴上还装有指针，当可动线圈受力转动时，带动指针偏转，用来指示被测量的大小。

磁电系测量机构中可动线圈是如何与外部被测电路连接的呢？实际中，一般都采用游丝作为线圈与外部电路的连接体，如图 2—1—2 所示。电流从上端流入后，首先经上游丝进入线圈，然后再经线圈的另一接头从下游丝流出。可见，游丝在这里起着将可动线圈与外部被测电路连通的作用；它的另一个重要作用是产生反作用力矩。一般的磁电系测量机构中都装有前后（或上下）两根游丝，它们的螺旋方向相反。

磁电系测量机构中的阻尼力矩一般由铝线框产生，如图 2—1—3 所示。它的工作原理是：当通电线圈受力从而带动铝线框在磁场中运动时，闭合的铝线框必将切割磁感线产生感应电流 i_c，该电流在磁场中受到电磁力的作用产生阻尼力矩 M_Z，其方向与铝线框运动方向相反，因而能有效抑制可动线圈的反复摆动，使其尽快稳定地停留在某一平衡位置。但在高灵敏度的磁电系仪表中，为了减轻可动部分的质量，以减少其惯性，通常采用无框架线圈，并在可动线圈中加短路线圈，利用短路线圈中产生的感应电流与磁场相互作用产生阻尼力矩。

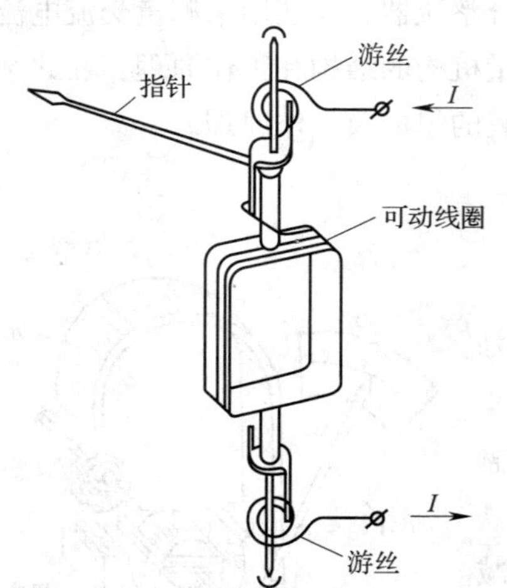

图 2—1—2　磁电系测量机构中的电流途径

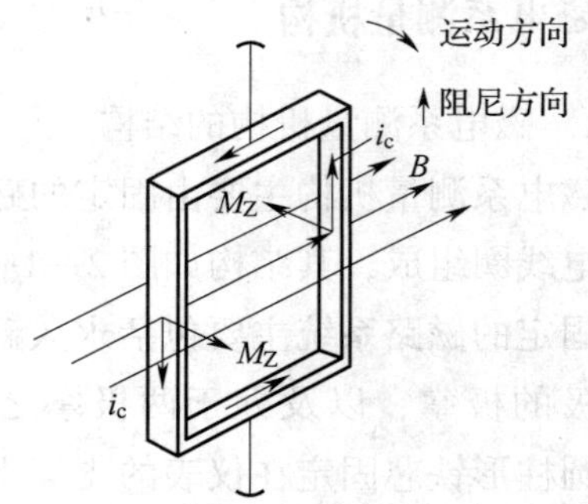

图 2—1—3　铝线框产生的阻尼力矩

2. 磁电系测量机构的工作原理

磁电系测量机构是根据通电线圈在磁场中受到电磁力矩而发生偏转的原理制成的。

磁电系测量机构的工作原理示意图如图 2—1—4 所示。当在可动线圈中通入电流时，载流线圈在永久磁铁的磁场中受到电磁力矩的作用而发生偏转。通过线圈的电流越大，线圈受到的转矩越大，仪表指针偏转的角度也越大；同时，游丝扭得越紧。由于反作用力矩与指针的偏转角成正比，故反作用力矩也越大。当线圈受到的转动力矩与反作用力矩大小相等时，线圈就停留在某一平衡位置，此时，指针指示的值即为被测量的大小。

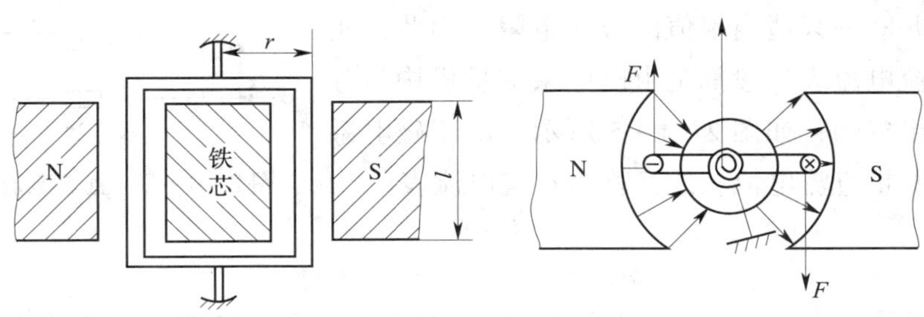

图 2—1—4　磁电系测量机构的原理示意图

3. 磁电系仪表的特点（表 2—1—1）

表 2—1—1　　　　磁电系仪表的特点

特点		原因
优点	准确度高、灵敏度高	由于仪表内永久磁铁的磁性很强，能在很小电流作用下产生较大的转矩，因此，由于摩擦、外界环境温度变化及外磁场影响所造成的误差相对较小，因而准确度很高。同时仪表的灵敏度也很高
	消耗功率小	由于通过测量机构的电流很小，故仪表本身消耗的功率也很小
	刻度均匀，便于读数	由于磁电系测量机构指针的偏转角与被测电流的大小成正比，因此，仪表标度尺的刻度是均匀的，便于准确读数
缺点	过载能力小	由于被测电流要通过游丝，而且可动线圈的导线又很细，所以一旦通过仪表的电流过大，轻者指针偏转过度而被打弯，重者引起过载发热，极易引起游丝弹性的变化，甚至烧毁线圈
	只能测量直流	由于永久磁铁的极性是固定不变的，所以只有在线圈中通入直流电流，仪表的可动部分才能产生稳定的偏转。如果在线圈中通入交流电流，则产生的转动力矩也是交变的，可动部分由于惯性作用而来不及偏转，仪表指针只能在零位附近抖动或不动，时间一长还会造成仪表的损坏，所以磁电系仪表只能直接测量直流。如果要测量交流电流，只有配用整流器将交流电变成直流电后才能使用

二、直流电流表

1. 直流电流表的组成

在磁电系测量机构中，由于可动线圈的导线很细，而且电流还要经过游丝，所以允许通过的电流通常都很小，只有几微安到几百微安，故它本身几乎没有实用价值。根据并联电路具有分流作用的原理，实际中要测量较大的电流，可以并联一只适当阻值的分流电阻。因此，实际使用的直流电流表一般都是由磁电系测量机构与分流电阻并联组成的，如图 2—1—5 所示。由于磁电系电流表只能测量直流电流，故又称为直流电流表。

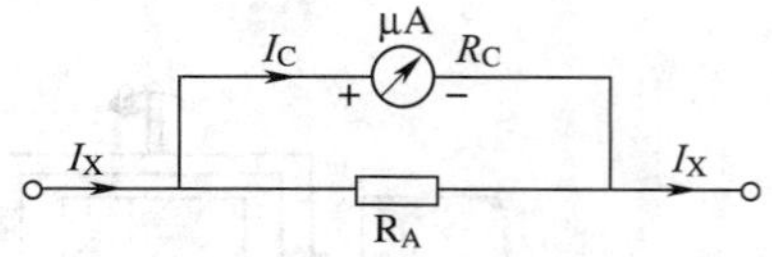

图 2—1—5　直流电流表的组成

小提示

磁电系测量机构的主要参数有两个：满刻度电流 I_C 和内阻 R_C。满刻度电流是指能使测量机构的指针指在满刻度位置时所需要的电流值。一般情况下，满刻度电流和内阻成反比关系。因为内阻越大，说明其可动线圈的匝数越多，所用导线越细，故满刻度电流越小，该表的价格一般也越高。

2. 分流电阻的计算

若已知磁电系测量机构的满刻度电流为 I_C，内阻为 R_C，被测电流为 I_X，则应并联的分流电阻 R_A 可按下述步骤进行计算：

（1）先求电流量程扩大倍数

$$n = \frac{I_X}{I_C}$$

（2）再求应并联的分流电阻

$$R_A = \frac{R_C}{n-1}$$

上式表明，要使电流表量程扩大 n 倍，所并联的分流电阻应为测量机构内阻的 $\frac{1}{n-1}$。可见，对于同一个测量机构，只要配上不同阻值的分流电阻，就能制成不同量程的直流电流表。

【例 2—1—1】 有一只内阻为 1 000 Ω、满刻度电流为 100 μA 的磁电系测量机构，若要将其改制成量程为 1 A 的直流电流表，应并联多大的分流电阻？

解： 先求电流量程扩大倍数

$$n = \frac{I_X}{I_C} = \frac{1}{100 \times 10^{-6}} = 10\ 000$$

应并联的分流电阻为

$$R_A = \frac{R_C}{n-1} = \frac{1\ 000}{10\ 000-1} \approx 0.1\ \Omega$$

分 流 电 阻

实际当中，分流电阻一般采用电阻率较大、电阻温度系数很小的锰铜制成。考虑到分流电阻的散热和安装尺寸，当被测电流小于30 A时，分流电阻可以安装在电流表的内部，称为内附分流器；当被测电流超过30 A时，为利于散热，分流电阻一般安装在电流表的外部，称为外附分流器。

外附分流器一般都有两对接线端钮，如图2—1—6所示。外侧粗的一对叫电流端钮，使用时串联在被测的大电流电路中；内侧细的一对叫电位端钮，使用时与测量机构并联。采用这种连接方式可使分流电阻中不包括电流端钮的接触电阻，因而减小了测量误差。

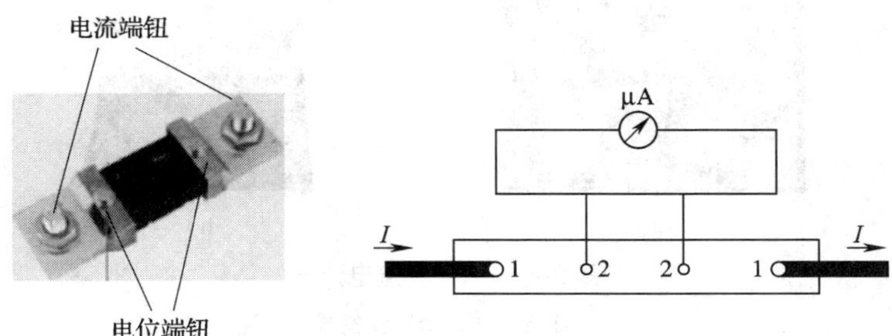

图2—1—6　外附分流器及其接线

外附分流器上一般不标明电阻值，而是标明额定电压值和额定电流值。目前，国家标准规定外附分流器在通入额定电流时，对应的额定电压为30 mV、45 mV、75 mV、100 mV、150 mV和300 mV，共6种规格。使用时，可根据具体情况选择上述规格的分流器。例如，有一磁电系测量机构的电压量程为100 mV，要将其改装成100 A的电流表，只要选择额定电压为100 mV、额定电流为100 A的外附分流器与测量机构并联，并将标度尺按100 A来刻度，即可组成100 A的电流表。

3．多量程直流电流表

多量程直流电流表一般采用并联不同阻值分流电阻的方法来扩大电流量程。按照分流电阻与测量机构连接方式划分，分流电路分为开路式和闭路式两种形式。目前，几乎所有的多量程直流电流表都采用闭路式分流电路。

闭路式分流电路的电路图如图 2—1—7 所示。这种分流电路的缺点是各个量程之间相互影响，计算分流电阻较复杂。但其转换开关的接触电阻处在被测电路中，而不在测量机构与分流电阻的电路中，因此，对分流准确度没有影响。特别是当转换开关触头接触不良而导致被测电路断开时，它能够保证不会烧坏测量机构。所以，闭路式分流电路得到了广泛的应用。目前，绝大多数指针式万用表的直流电流挡都采用这种分流电路。

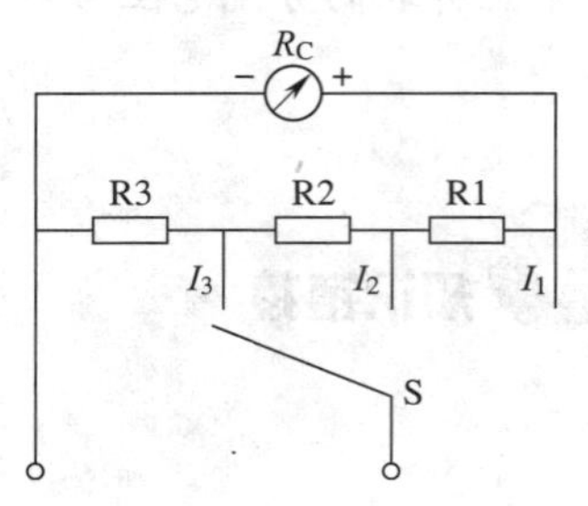

图 2—1—7　闭路式分流电路

4．直流电流表的使用

测量直流电流一般使用直流电流表。直流电流表有安装式和便携式两种，如图 2—1—8 所示。实际中，按测量方式不同，直流电流的测量可分为临时测量和长期测量两种，见表 2—1—2。

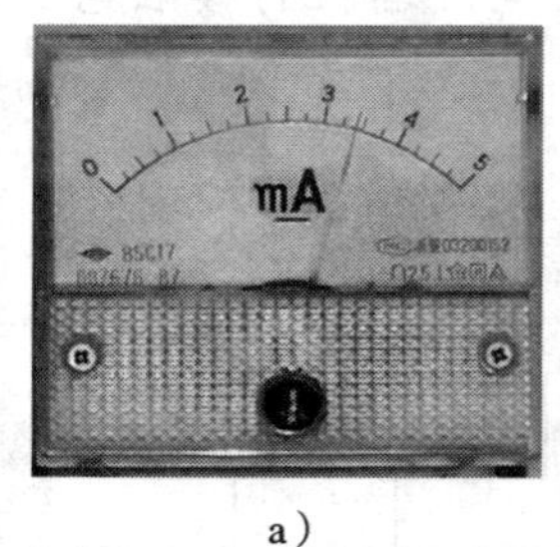

a）

b）

图 2—1—8　直流电流表
a）安装式　b）便携式

表 2—1—2　直流电流的测量方式

测量方式	定义	应用	采用的仪表
临时测量	指短时间测量被测电路的电流，即测量时须先断开电路，将电流表串入被测电路进行测量，测量完毕还要马上去除电流表，并恢复被测电路	实际中常用于故障的排除	便携式直流电流表
长期测量	指将电流表固定串联在被测电路中进行测量	用于随时观察、监测被测电路中电流的变化情况	安装式直流电流表

测量直流电流时，要将电流表串联接入被测电路，同时要注意仪表的极性和量程（图 2—1—9）。要保证使被测电流从仪表的“+”端流入，“-”端流出，以避免指针反转而损坏仪表。

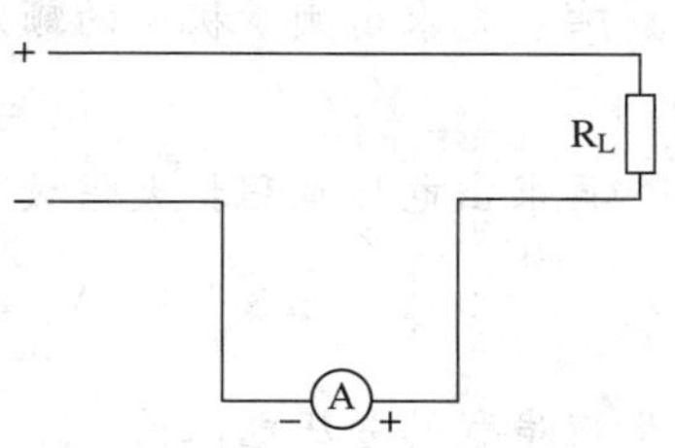

图 2—1—9　直流电流表的接线

如果将电流表错接成并联会造成电路短路，并烧毁电流表，所以应严格禁止。

三、直流电压表

1. 直流电压表的组成

根据欧姆定律可知，一只内阻为 R_C、满刻度电流为 I_C 的磁电系测量机构，其本身就是一只量程为 $U_C = I_C R_C$ 的直流电压表，只是其电压量程太小且在低电压区间，根本不具有实用价值。如果需要测量更高的电压，就必须扩大其电压量程。根据串联电阻具有分压作用的原理，扩大电压量程的方法就是给测量机构串联一只分压电阻 R_V，如图 2—1—10 所示。可见，实际使用的磁电系直流电压表都是由磁电系测量机构与分压电阻串联组成的。

若已知磁电系测量机构满刻度电流为 I_C，内阻为 R_C，串联适当的分压电阻 R_V 后，可使电压量程扩大到 U。此时，通过测量机构的电流仍为 I_C，且 I_C 与被测电压 U 成正比。因此，可以用仪表指针偏转角的大小来反映被测电压的数值。

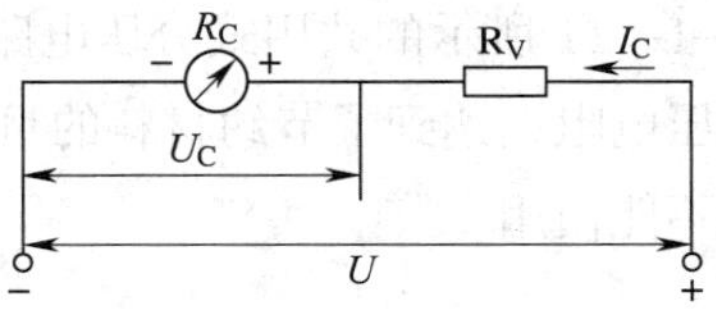

图 2—1—10　直流电压表的组成

2. 分压电阻的计算

（1）先求磁电系测量机构的额定电压

$$U_C = I_C R_C$$

（2）再求电压量程扩大倍数

$$m = \frac{U}{U_C}$$

（3）最后求分压电阻

$$R_V = (m-1)R_C$$

上式说明，要使电压表量程扩大 m 倍，需要串联的分压电阻是测量机构内阻的 $(m-1)$ 倍。

【例 2—1—2】 一只内阻为 500 Ω、满刻度电流为 100 μA 的磁电系测量机构，要改制成 100 V 量程的直流电压表，应串联多大的分压电阻？该电压表的总内阻是多少？

解：先求出测量机构的额定电压

$$U_C = I_C R_C = 100 \times 10^{-6} \times 500 = 0.05\ \text{V}$$

再求出电压量程扩大倍数

$$m = \frac{U}{U_C} = \frac{100}{0.05} = 2\ 000$$

应串联的分压电阻为

$$R_V = (m-1)R_C = (2\ 000 - 1) \times 500 = 999\ 500\ \Omega$$

该电压表的总电阻为

$$R = R_C + R_V = 500 + 999\ 500 = 1\ 000\ 000\ \Omega = 1\ \text{M}\Omega$$

小提示

分压电阻一般应采用电阻率大、电阻温度系数小的锰铜丝绕制而成。但实际上，由于分压电阻阻值太大，为节约材料，降低成本，也常采用金属膜电阻来代替线绕电阻。分压电阻也分为内附式和外附式两种。通常，量程低于600 V时采用内附式，以便安装在表壳内部；量程高于600 V时，应采用外附式。外附式分压电阻是单独制造的，并且要与仪表配套使用。

3. 多量程直流电压表

多量程直流电压表由磁电系测量机构与不同阻值的分压电阻串联组成。通常采用如图2—1—11所示的共用式分压电路。这种电路的优点是高量程的分压电阻共用了低量程的分压电阻，达到了节约材料的目的。缺点是一旦低量程分压电阻损坏，则高量程电压挡也将不能使用。

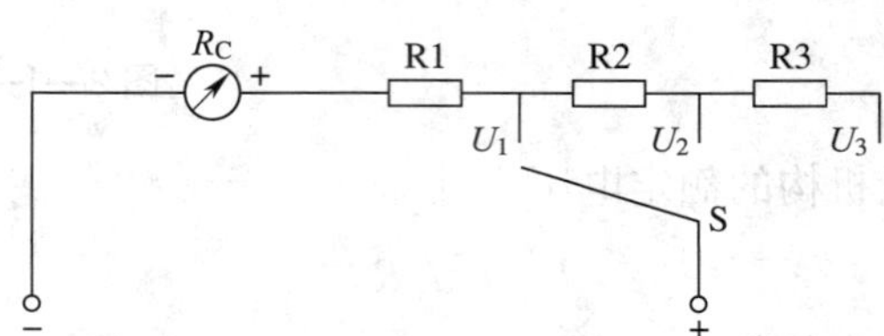

图2—1—11　共用式分压电路

在图2—1—11所示分压电路中，量程 $U_3 > U_2 > U_1$，其中 U_3 量程的分压电阻是 $R_1 + R_2 + R_3$，U_2 量程的分压电阻是 $R_1 + R_2$，U_1 量程的分压电阻是 R_1。

知识链接

电压灵敏度

实际上，电压表的内阻应等于测量机构的内阻与分压电阻之和。显然，电压表内阻的大小与电压量程有关。对同一块电压表而言，其电压量程越高，则电压表内阻越大。但是，各量程内阻与相应电压量程的比值却为一常数，该常数是电压表的一个重要参数，称为电压灵敏度，单位是“Ω/V”，通常在电压表面板的显著位置上标出。

电压灵敏度有两个作用：

（1）表示电压表指针偏转至满刻度时取自被测电路的电流值。

（2）能方便地计算出该电压表各量程的内阻。例如，一直流电压表的电压灵敏度为 20 kΩ/V，它表示测量直流电压，当指针偏转至满刻度时，取自被测电路的电流为 1 V/20 000 Ω = 50 μA，在 10 V 挡时电压表内阻为 10 × 20 000 = 200 kΩ。

可见，电压灵敏度的意义是：电压灵敏度越高，相同量程下电压表的内阻越大，取自被测电路的电流越小，对被测电路的影响越小，测量准确度也越高。

4．直流电压表的使用

测量直流电压一般使用直流电压表。直流电压表有安装式和便携式两种，如图 2—1—12 所示。和测量直流电流相类似，直流电压的测量也分为临时测量和长期测量两种。

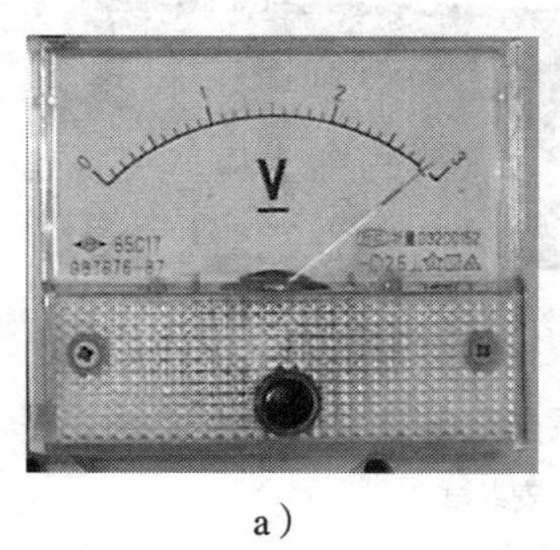

a）

b）

图 2—1—12　指针式直流电压表

a）安装式　b）便携式

测量电路的电压时，应将电压表并联在被测电路的两端，如图 2—1—13 所示。测量直流电压时，要注意仪表接线端钮上的“ + ”“ − ”极性标记，不可接错。

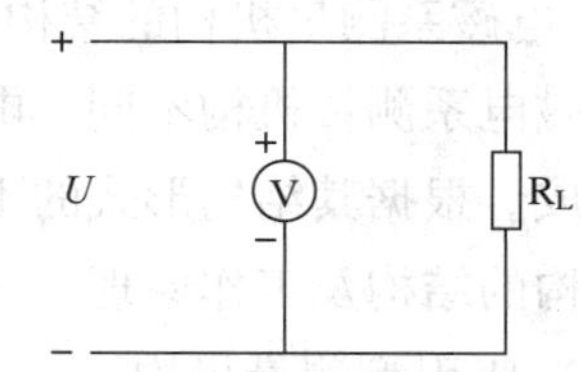

图 2—1—13　直流电压表的接线

如果错将电压表接成串联，则会因其内阻太大，使被测电路呈开路状态，电压表也无法正常工作。若电压过高，很容易造成电压表被击穿。

§2—2　交流电流表与电压表

学习目标

1. 了解交流电流表与电压表的基本组成和主要技术指标。
2. 熟悉交流电压和电流的测量原理。
3. 掌握交流电流表与电压表的使用方法。

交流电流表和电压表多采用电磁系测量机构和整流系测量机构两种。由于电磁系仪表具有结构简单，抗过载能力强，价格便宜等优点，在安装式交流电流表和电压表中应用较广。如图 2—2—1 所示为电磁系交流电流表。

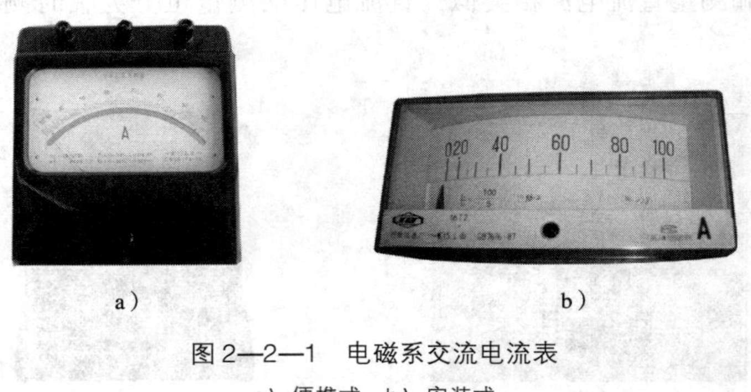

a）　　　　b）

图 2—2—1　电磁系交流电流表

a）便携式　b）安装式

一、电磁系测量机构

1. 电磁系测量机构的结构及工作原理

与磁电系测量机构不同，电磁系测量机构主要由通过被测电流的固定线圈和可动软磁铁片组成。根据其结构形式的不同，又可分为吸引型和排斥型两类。下面分别介绍这两类测量机构的结构及工作原理。

（1）吸引型测量机构

1）结构。吸引型测量机构的结构如图 2—2—2 所示。固定线圈和偏心地装在转轴上的由软磁材料制成的可动铁片组成产生转动力矩的装置。转轴上还装有指针、阻尼片和游丝等。这里，游丝的作用只是产生反作用力矩，而不通过电流。

为防止永久磁铁磁场对线圈磁场的影响，在永久磁铁前加装了用导磁性能良好的材料制成的磁屏蔽。便携式电磁系电流表和电压表的测量机构大多采用吸引型测量机构。

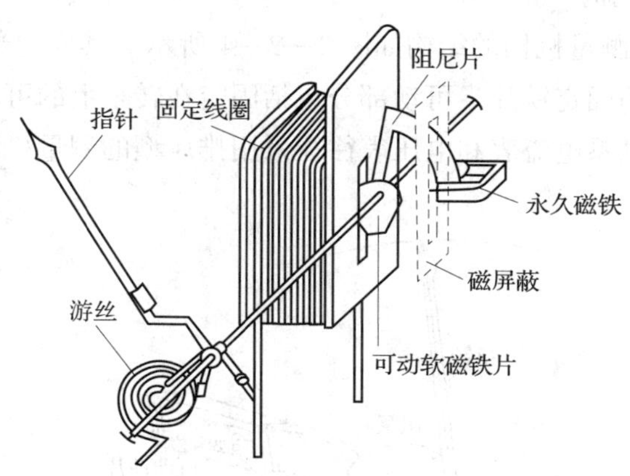

图 2—2—2 吸引型测量机构

2）工作原理。吸引型测量机构的工作原理如图 2—2—3 所示。当固定线圈通电后，线圈产生的磁场将可动铁片磁化，对铁片产生吸引力，使固定在同一转轴上的指针随之发生偏转，同时游丝产生反作用力矩。线圈中电流越大，磁化作用越强，指针偏转角就越大。当游丝产生的反作用力矩与转动力矩相平衡时，指针就稳定地停留在某一位置，指示出被测量的大小。

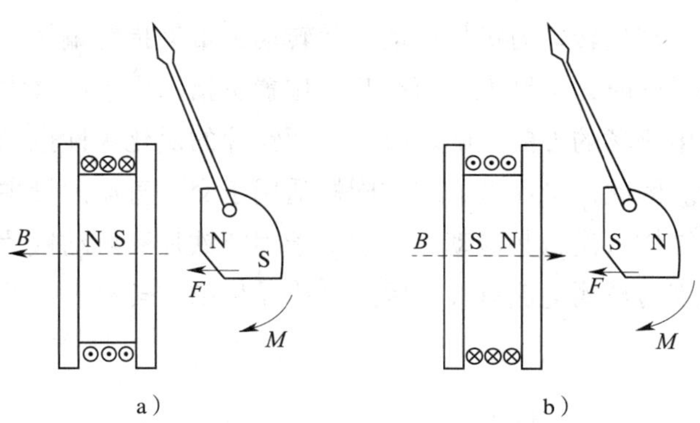

图 2—2—3 吸引型测量机构的工作原理

显然，当流过线圈的电流方向改变而大小不变时，线圈产生的磁场极性及可动铁片被磁化的极性也同时改变，但它们之间的作用力仍是吸引力，转动力矩的大小和方向不变，保证了指针偏转角不会改变。因此，吸引型测量机构可用来组成交、直流两用仪表。

对吸引型结构来讲，电磁系测量机构的转动力矩取决于固定线圈的磁场和可动铁片被磁化后的磁场强弱，而它们磁场的强弱又都与被测电流有关。可见，转动力矩的大小与线圈磁势的平方成正比。

（2）排斥型测量机构

1）结构。排斥型测量机构的结构如图2—2—4所示。其固定部分包括固定线圈以及固定在线圈内侧壁上的固定铁片。可动部分包括固定在转轴上的可动铁片、游丝、指针及阻尼片等。安装式电磁系电流表和电压表往往采用排斥型的测量机构。

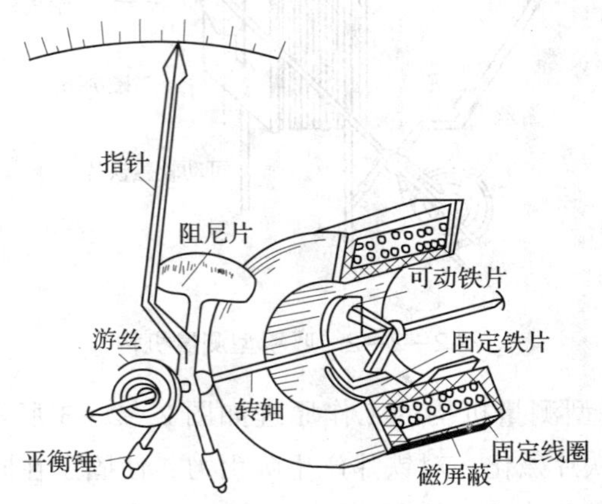

图2—2—4　排斥型测量机构

2）工作原理。排斥型测量机构的工作原理如图2—2—5所示。当被测电流通过固定线圈时产生磁场，使固定铁片和可动铁片同时磁化，且两铁片的同一侧为相同的极性。由于同性磁极相互排斥，产生转动力矩使可动铁片转动，带动指针偏转。当游丝产生的反作用力矩与转动力矩相平衡时，指针就停留在某一位置，指示出被测量大小。如果线圈中电流方向改变，线圈产生磁场的方向也随之改变，两铁片的磁化极性也同时改变，但其相互间排斥力的方向不变。因此，排斥型的结构同样适用于交、直流测量中。

显然，对排斥型结构来说，其转动力矩取决于固定铁片和可动铁片被磁化后磁场的强弱，而它们的磁场也都与被测电流有关。因此，排斥型结构转动力矩的大小也应与线圈磁势的平方成正比。

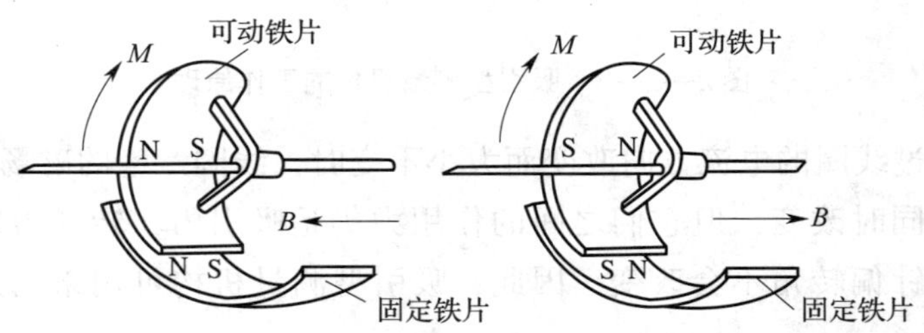

图2—2—5　排斥型测量机构的工作原理

综上所述，吸引型和排斥型测量机构的工作原理可以归纳为：利用通电流的固定线圈产生磁场，使铁片磁化。然后利用线圈与可动铁片（吸引型）或固定铁片与可动铁片

（排斥型）相互作用产生转动力矩，带动指针偏转。当可动铁片在转动力矩 M 的作用下转动时，游丝也要产生反作用力矩 M_f。当 $M = M_f$ 时，可动部分停止在某一平衡位置，指针就有一个稳定的偏转角 α。由于电磁系测量机构指针的偏转角 α 与被测电流的平方成正比，所以可用来测量被测电流的大小。显然，电磁系仪表的刻度特征是不均匀的，呈现前密后稀的现象。

2. 电磁系仪表的技术特性

（1）既可测量直流，又可测量交流。但大多数情况下电磁系仪表都做成交流仪表使用。

（2）可直接测量较大电流，过载能力强，并且结构简单，价格便宜。这是由于被测电流不经过游丝而直接进入线圈，而绕制固定线圈的导线也可以粗些的缘故。

（3）标度尺刻度不均匀。因为电磁系仪表指针的偏转角与被测电流的平方成正比，故标度尺的刻度具有平方律的特性，即起始段分布较密，而末段分布稀疏。

（4）易受外磁场影响。电磁系仪表由于整个磁路几乎没有铁磁材料，并且它的磁场主要由固定线圈中通入的电流产生，若电流较小，磁场强度较弱，则非常容易受到外磁场的影响，因此，常采用磁屏蔽的方法来减小外磁场的影响。所谓的“磁屏蔽”是指将测量机构装在用导磁性能良好的材料做成的屏蔽罩内。这样，外磁场的磁感线将沿着屏蔽罩穿过，而不会影响罩内的测量机构，如图 2—2—6 所示。有时为了进一步削弱外磁场的影响，可采用两层甚至三层磁屏蔽。

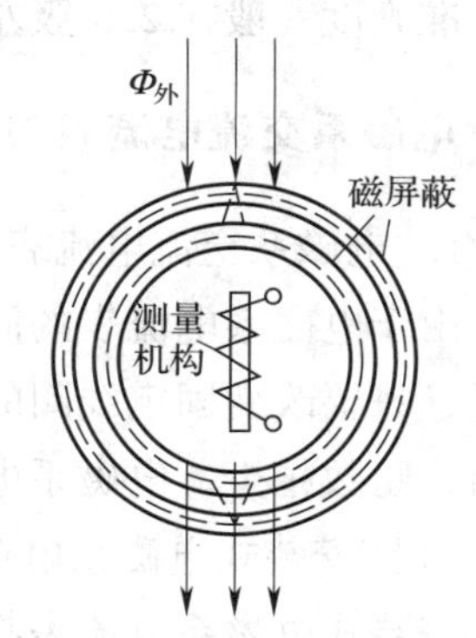

图 2—2—6 磁屏蔽的原理

二、整流系测量机构

由于磁电系测量机构只能用来测量直流电流，如果要测量交流量，只有加上整流器将交流电变换成直流电后，再送入测量机构，然后找出整流后的电流与输入交流电流之间的关系，就能在仪表标度尺上直接标出被测交流电的大小。通常把由磁电系测量机构和整流器组成的仪表称为整流系仪表。整流系交流电压表（图 2—2—7）就是在整流系仪表的基础上串联分压电阻构成的。其中，整流系测量机构是整个仪表的核心。

由于通过测量机构的电流实际上是经过整流后的单向脉动电流，而其指针的偏转角是与脉动电流的平均值成正比的，因此，整流系仪表所指示的值应该是交流电的平均值。但是，交流电的大小习惯上是指交流电的有效值。为此，可根据交流电有效值与平均值之间的关系来刻度标度尺。

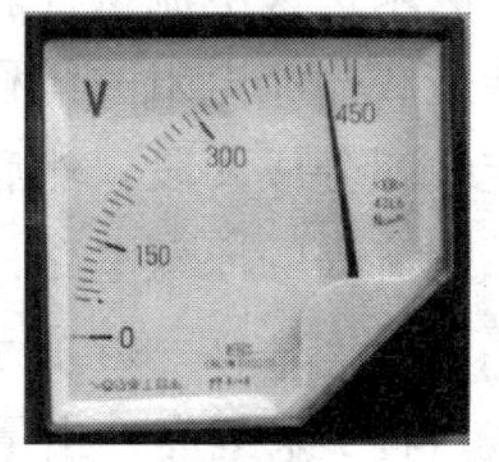

图 2—2—7 整流系交流电压表

对于半波整流

$$I_{有效} = 2.22I_{平均}$$

对于全波整流

$$I_{有效} = 1.11I_{平均}$$

这样一来，交流电压表的标度尺就可以直接按交流电的有效值来进行刻度，即整流系交流电压表的读数是正弦交流电压的有效值。如果被测电流不是正弦波，将会产生波形误差，这是整流系交流电压表一个主要缺点。

整流系仪表保留了磁电系仪表灵敏度高、功率消耗小、标尺均匀等优点，但它只能用来测量交流电，不能测量直流电。此外，由于电路中电感较小，因而适用于较高频率电流和电压的测量，测量频率范围为 40～1 000 Hz。但是，由于整流元件特性不太稳定，受周围环境温度的影响大，所以其准确度较低，一般在 1.0 级以下。做成万用表测量交流电压时，准确度一般在 2.5 级左右。

三、电磁系交流电流表与电压表

1. 电磁系交流电流表

由于电磁系电流表的固定线圈直接串联在被测电路中，因此，要制造不同量程的电流表时，只要改变固定线圈的线径和匝数即可。一般情况下，电流表的量程越大，线圈导线越粗，匝数越少。电磁系电流表一般由电磁系测量机构组成，测量线路十分简单。

（1）安装式电磁系电流表

安装式电磁系电流表都制成单量程的。目前安装式电磁系电流表一般做成量程为 5 A 的交流电流表，以便与电流互感器配合测量较大的交流电流。这是因为如果测量的电流太大时，靠近仪表的导线产生的磁场会造成仪表较大的误差，并且若仪表端钮与导线接触不良，会严重发热而酿成事故。因此，在测量较大的交流电流时，仪表都与电流互感器配合使用。

（2）便携式电磁系电流表

为使用方便，便携式电磁系电流表一般都制成多量程的，但它不能采用并联分流电阻的方法来扩大电流量程。这是因为电磁系电流表的内阻较大，所以要求分流电阻也较大，这会造成分流电阻的体积及功率损耗都很大。因此，电磁系电流表扩大量程一般都采用将固定线圈分成两段，然后利用分段线圈的串、并联来实现。如图 2—2—8 所示为双量程电磁系电流表的原理电路，当连接片按图 2—2—8a 所示连接时，两段线圈串联，电流量程为 I；按图 2—2—8b 所示连接时，两段线圈并联，电流量程扩大为 $2I$。仪表的标度尺一般按量程 I 来刻度，当量程为 $2I$ 时，只需将读数乘以 2 即可。

2. 电磁系交流电压表

与磁电系直流电压表相同，电磁系交流电压表通常也采用将电磁系测量机构与分压电

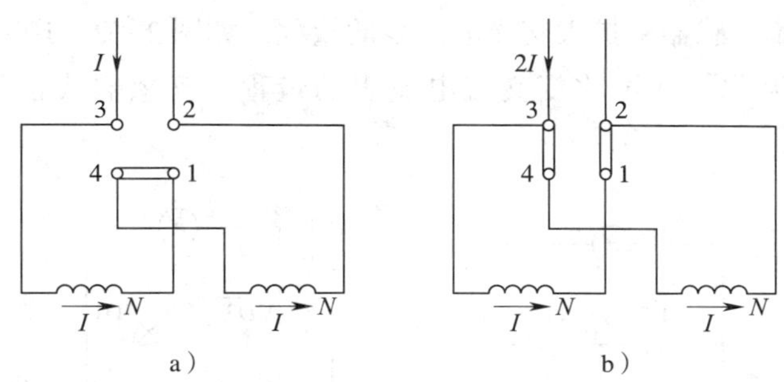

图 2—2—8 双量程电磁系电流表的原理电路

a）线圈串联 b）线圈并联

阻串联的方法制成。作为电压表，一般要求通过固定线圈的电流很小，但为了获得足够的转矩，又必须要有一定的励磁磁动势，所以其固定线圈的匝数一般较多，并用较细的漆包线绕制。

（1）安装式电磁系电压表

安装式电磁系电压表通常都做成单量程的，一般最大量程不超过 600 V。要测量更高的交流电压时，仪表要与电压互感器配合使用。

（2）便携式电磁系电压表

为使用方便，便携式电磁系电压表一般都做成多量程的，如图 2—2—9 所示为三量程电磁系电压表的内部电路图，显然，它采用的是共用式分压电路。

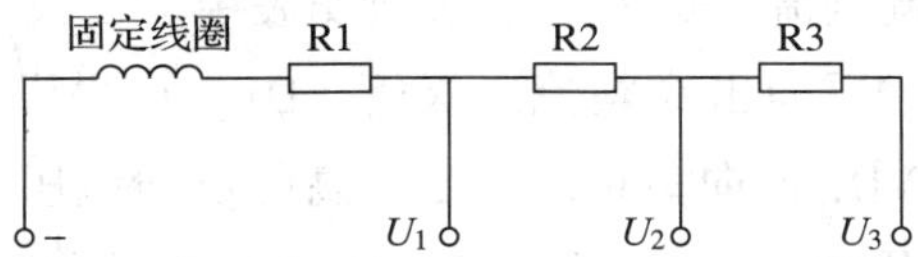

图 2—2—9 三量程电磁系电压表内部电路

四、整流系交流电流表与电压表

1．整流系交流电流表

利用二极管的单向导电性，在整流系测量机构的基础上，也可以制成整流系交流电流表。常见的整流系交流电流表内部电路有两种形式：电阻分流式和互感器式。

（1）电阻分流式电流表

在整流系测量机构两端并联一个适当阻值的分流电阻，利用电阻并联能够分流的原理就组成整流系交流电流表，如图 2—2—10a 所示。这种形式适合于电流较小的场合使用。

（2）互感器式电流表

也可以利用电流互感器来扩大交流电流表的量程，如图 2—2—10b 所示。只要适当改变电流互感器的变流比，即可改变交流电流表的量程。互感器式常用于电流较大的场合。

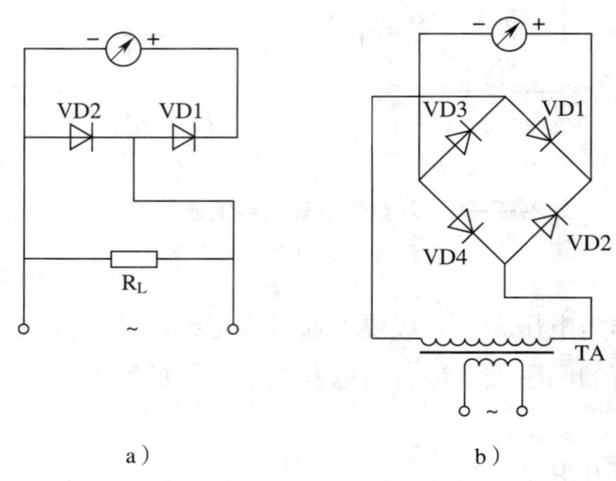

图 2—2—10　整流系交流电流表

a）电阻分流式　b）互感器式

2. 整流系交流电压表

整流系交流电压表中所用的整流电路有半波和全波两种形式。如图 2—2—11 所示为半波整流电路，图中的 R_V 为分压电阻。与测量机构串联的 VD1 是整流二极管，它能将输入的交流电流变成脉动直流电流，送入磁电系微安表中。二极管 VD2 的作用是可以防止输入的交流电压在负半周时反向击穿整流二极管 VD1。如果没有 VD2，则在外加电压负半周时，由于整流二极管 VD1 反向截止而承受很高的反向电压，可能造成 VD1 的反向击穿。接入 VD2 后，在负半周时 VD2 导通，使 VD1 两端的反向电压大大降低，保证了 VD1 不会被反向击穿，所以 VD2 又称为“保护二极管”。

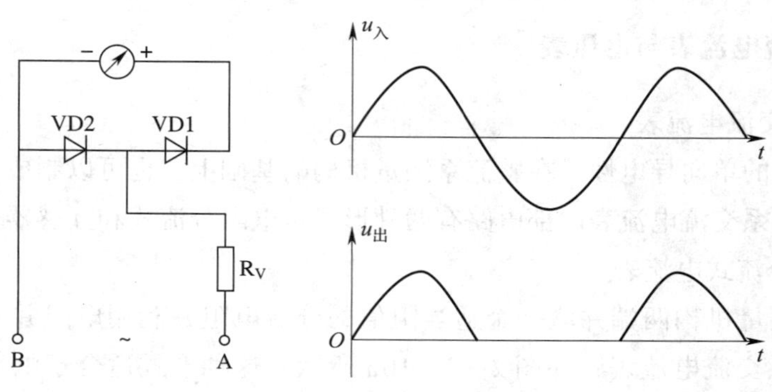

图 2—2—11　半波整流电路

整流系仪表中的全波整流电路通常采用由四个整流二极管组成的桥式整流电路，如图2—2—12 所示。当 A、B 两端加上交流电压时，若正半周时的极性 A 端为正，B 端为负，则电流的途径为 A→R_V→VD1→表头→VD3→B；而在电压负半周时，B 端极性为正，A 端为负，电流的途径变为 B→VD2→表头→VD4→R_V→A。可见，不管在外加电压的正半周还是负半周，表头中都只有同一方向的电流通过。在外加电压相同的情况下，全波整流时的表头电流要比半波整流时增大一倍，仪表的灵敏度较高。

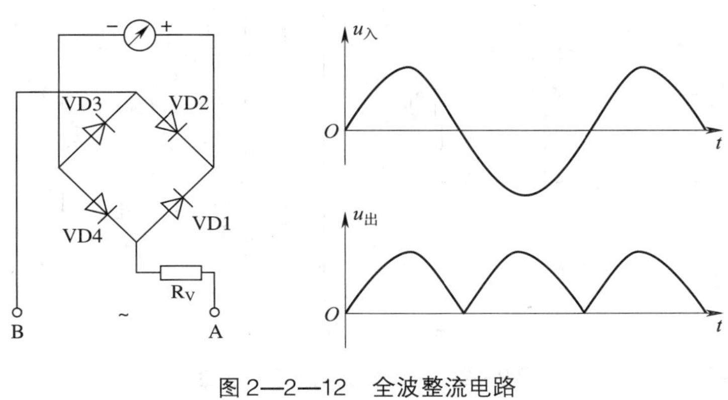

图 2—2—12　全波整流电路

五、交流电流表与电压表的使用

1. 交流电流的测量

切断被测电路，将电流表串联接入被测电路中，如图 2—2—13 所示。在测量较高电压电路的电流时，电流表应串联接在被测电路中的低电位端，如图 2—2—13a 所示。在测量较大的交流电流时，如大于 5 A 时，一般要配合电流互感器进行测量，如图 2—2—13b 所示。

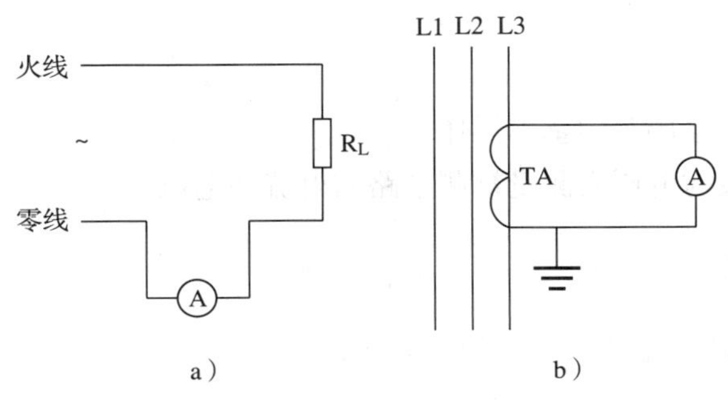

图 2—2—13　交流电流表的接线

a）交流电流表接线　b）配合电流互感器的接线

2. 交流电压的测量

将交流电压表并连接在被测电路两端，如图 2—2—14a 所示。在测量较高的交流电压时，如高于 600 V 以上时，一般要配合电压互感器进行测量，如图 2—2—14b 所示。需要指出的是，在工厂配电中，一般都由变压器将高电压变成 380 V/220 V 的较低电压，所以很少用到电压互感器。

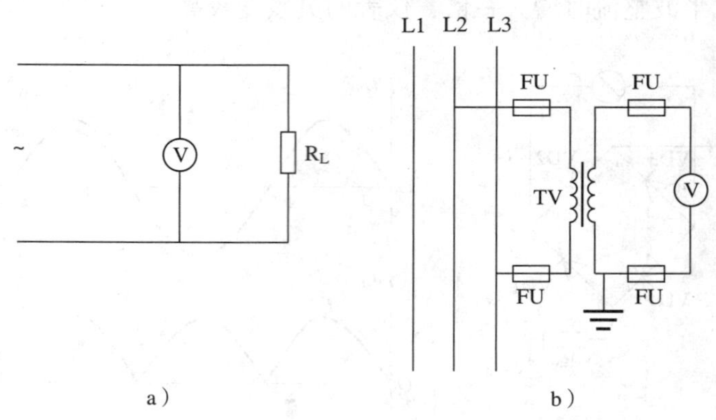

图 2—2—14　交流电压表的接线
a）交流电压表接线　b）配合电压互感器的接线

电流表与电压表在使用时，应先估测被测量的大小，选择合适的量程，使其指针指在满刻度的后三分之一段，以减小测量误差，提高测量准确度。

实训 1

可调稳压电源的测试

一、实训目的

1. 熟悉电流表与电压表的基本操作。
2. 能使用电流表与电压表测量被测电路的电流和电压。

二、实训设备与工具

可调稳压电源 1 块，电压表、电流表若干。

三、实训内容与步骤

可调稳压电源的电路原理图如图 2—2—15 所示。

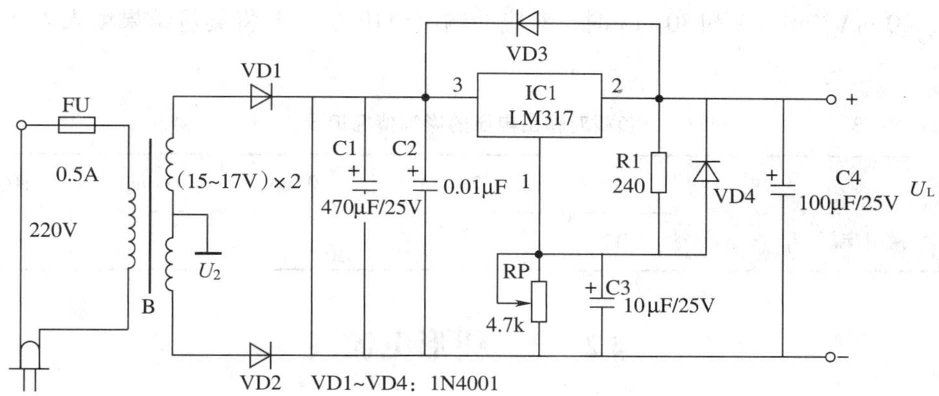

图 2—2—15　可调稳压电源电路原理图

通电后，注意观察有无异常现象发生，如冒烟、有烧焦气味、元器件发热等。如发现异常现象，立即断开电源，查找故障。若无异常现象，则可选用相应的仪表按下列步骤进行测试：

（1）测量变压器二次侧电压 U_2 为________V。

（2）测量输出电压 U_L 为________V。

（3）保持变压器二次侧电压为 16 V，调节 R_P 分别为最大和最小，测量输出电压 U_L 的调节范围，并将数据填入表 2—2—1 中。另外，输出电压也可根据 $U_L \approx 1.25 \times \left(1+\frac{R_P}{R_1}\right)$ 进行估算。

表 2—2—1　　输出电压测试记录

调节 R_P		阻值最大	阻值最小
输出电压 U_L	测量值		
	计算值		

（4）调节自耦变压器，使电源电压变化 ±10%（198 ~ 242 V）时，测出相应的输出电压 U_L，并将测量结果填入表 2—2—2 中。

表 2—2—2　　输入电压对输出电压的影响情况记录

额定输出电压 U_L	12 V	
电源电压波动 ±10%	198 V	242 V
输出电压 U_L		

（5）将此稳压电源接入负载，调节负载电阻 R_L，用电流表监测负载电流 I_L 分别为 20 mA、40 mA、60 mA 和 80 mA 时，对应的输出电压 U_L，并将测量结果填入表 2—2—3 中。

表 2—2—3　　负载对输出电压的影响情况记录

I_L	0 mA	20 mA	40 mA	60 mA	80 mA
输出电压 U_L	12 V				

§2—3　钳形电流表

学习目标

1. 了解钳形电流表的基本组成与技术指标。
2. 掌握钳形电流表的工作原理。
3. 能熟练使用钳形电流表。

钳形电流表是一种用于测量正在运行的电气线路电流大小的仪表，可在不断电的情况下测量电流。例如，用钳形电流表可以在不切断电路的情况下，测量运行中的交流电动机的工作电流，从而很方便地了解其工作状况。

一、钳形电流表的构造及原理

钳形电流表按结构和工作原理的不同分为磁电式和电磁式两类，根据测量结果显示形式的不同又可分为指针式和数字式两类。

1．磁电式钳形电流表

磁电式钳形电流表是一种最常见的钳形电流表，一般由电流互感器、整流电路、磁电系电流表、量程转换开关及测量电路组成，如图 2—3—1 所示。电流互感器的铁芯呈钳口形，当握紧钳形电流表的手柄 6 时，其铁芯张开，将通有被测电流的导线 4 放入钳口中。松开手柄后铁芯闭合，通有被测电流的导线相当于电流互感器的一次侧，于是在二次侧就会产生感应电流，并送入整流系电流表进行测量。电流表的标度尺是按一次电流刻度的，所以仪表的读数就是被测导线中的电流值，可以直接从刻度盘上读出被测电流值。

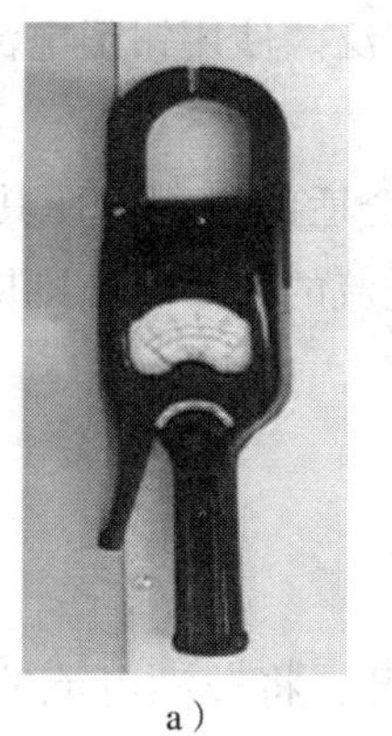

a）

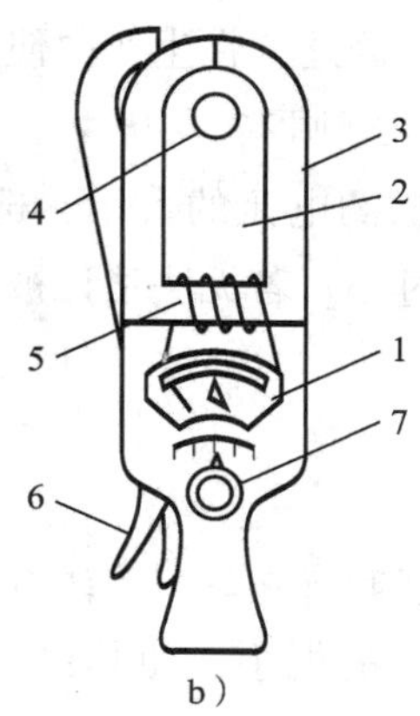

b）

图 2—3—1　磁电式钳形电流表外形和结构图

a）实物图　b）结构示意图

1—电流表　2—电流互感器　3—铁芯　4—被测导线　5—二次绕组　6—手柄　7—量程选择开关

小提示

磁电式钳形电流表只能测量交流电流。如 T301、T302、MG24 等型号的钳形电流表就属于此类仪表。

2. 电磁式钳形电流表

电磁式钳形电流表主要由电磁系测量机构组成，其结构如图 2—3—2 所示。处在铁芯钳口中的导线相当于电磁系测量机构中的线圈。当被测电流通过导线时，在铁芯中产生磁场，使可动铁片磁化，产生电磁推力，带动仪表指针偏转，指示出被测电流的大小。由于电磁系仪表可动部分的偏转方向与电流方向无关，因此，它可以交、直流两用。特别是在测量运行中的绕线式异步电动机的转子电流时，因为转子电流的频率很低，若用磁电式钳形电流表则无法测出其具体数值，这时只能采用电磁式钳形电流表。

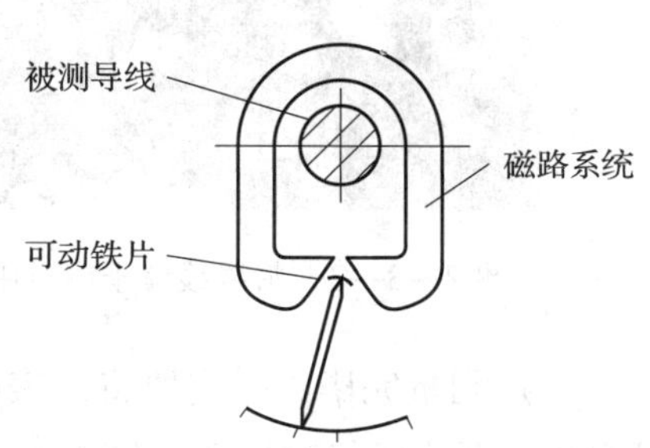

图 2—3—2　电磁式钳形电流表结构示意图

小提示

MG20、MG21 型钳形电流表就属于交、直流两用的电磁式钳形电流表。

二、钳形电流表的使用

1. 使用方法

钳形电流表的准确度不高，一般为 2.5 级或 5.0 级。但它能在不切断电路的情况下测量电流，使用非常方便，因此，在生产中使用广泛。使用钳形电流表的方法如下：

（1）测量前要进行机械调零。

（2）测量前先估计被测电流的大小，选择合适的量程，使其指针正确指示，即不能使指针偏转过头或指示过小。若无法估计被测电流的大小时，则应从最大量程开始，逐步换成合适的量程。

小提示

转换钳形电流表量程时应在退出导线后进行。

（3）手握钳形电流表的把手，使其钳口张开，将被测电流的导线卡入钳口中。松开把手，使钳口闭合，将被测载流导线置于钳口中央，如图2—3—3所示，以避免增大误差。此时从电流表指示可以读出被测电流的数值。

（4）钳口要结合紧密。若发现有杂声出现，应检查钳口结合处是否有污垢存在，若有则要用煤油擦净后再进行测量，如图2—3—4所示。

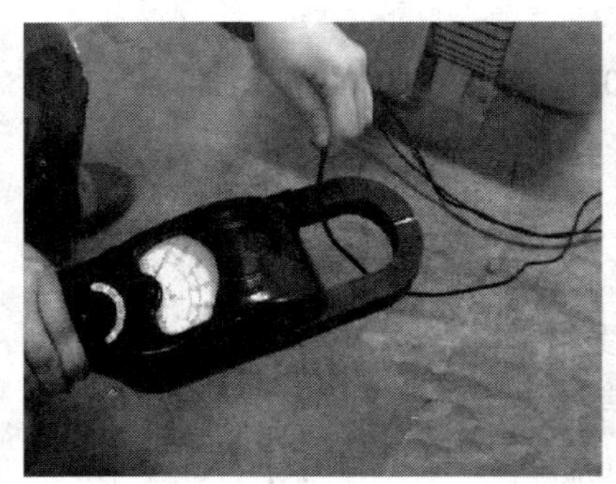

图2—3—3　将导线置于钳口中央

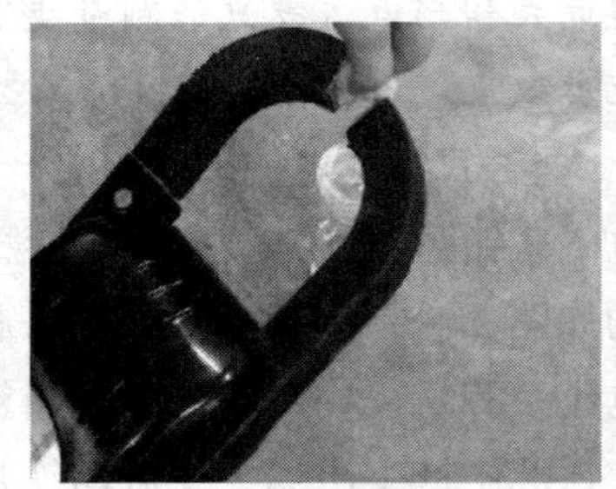

图2—3—4　擦干净钳口污垢

（5）测量完毕，一定要将仪表的量程开关置于最大量程位置上，以防下次使用时使用者疏忽而造成仪表损坏（图2—3—5）。

2. 使用注意事项

（1）将手柄擦净，测量时应戴上绝缘手套。操作者要与带电体保持安全距离，以免造成相间短路或接地故障，烧坏设备或危及人身安全。

（2）不得将低压钳形电流表用于高压带电测量。

（3）不得在测量过程中切换量程，以免在切换时造成二次侧瞬间开路，感应出高电压而发生事故。

（4）读数时要注意安全，操作者切勿触及其他带电部分而引起触电或短路事故。测量母线时，应用绝缘隔板隔开，以防止钳口张开时引起相间短路。

（5）测量5 A以下的较小电流时，为使读数准确，在条件许可的情况下，可将被测导线多绕几圈再放入钳口进行测量（图 2—3—6），被测的实际电流值就等于仪表读数除以放进钳口中导线的圈数。

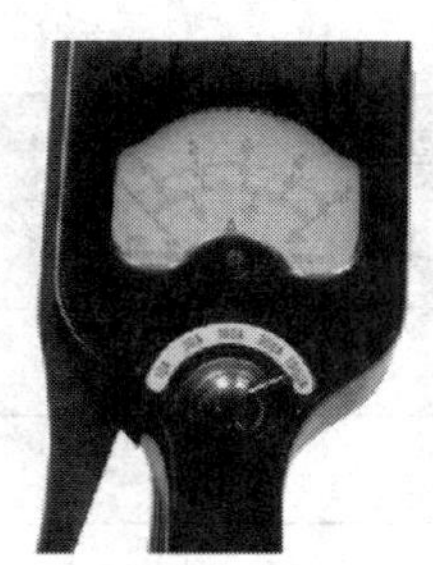

图 2—3—5 测量完毕将量程开关置于最大量程

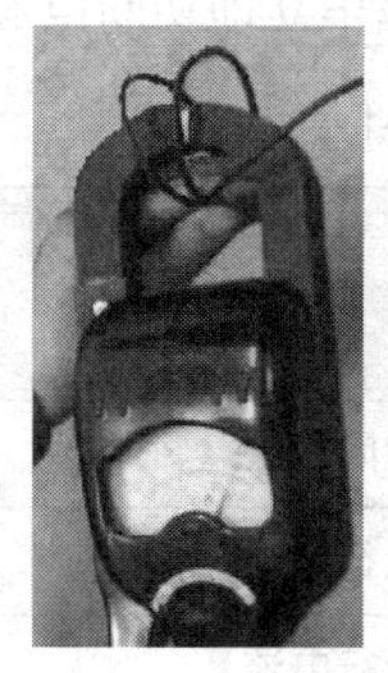

图 2—3—6 测小电流可将导线多绕几圈

小提示

用钳形电流表测量绕线式异步电动机的转子电流时，必须选用电磁式表头的钳形电流表，如果采用一般常见的磁电式钳形电流表测量时，指示值与被测量的实际值会有很大出入，甚至没有指示。

实训 2

用钳形电流表测量三相异步电动机的电流

一、实训目的

1. 掌握钳形电流表的使用方法。
2. 能使用钳形电流表测量三相异步电动机的电流。

二、实训设备与工具

钳形电流表 1 块，三相异步电动机 1 台，通用工具 1 套。

三、实训内容与步骤

（1）按电动机铭牌规定接入三相电源，令其通电运行。先选择合适的量程，然后用钳形电流表同时钳住三根相线，观察仪表指针偏转情况：若读数为零，说明三相电动机正常；若有读数，说明三相电动机故障。试解释出现这种情况的原因。

（2）用钳形电流表检测启动电流和转速达到额定值后的空载电流，记录测量数据

（表2—3—1）。

（3）人为造成电动机缺相运行，用钳形电流表检测缺相运行电流（检测时间尽量短），测量完毕立即切断电源，记录测量数据（表2—3—1）。

表2—3—1 测量数据记录

测量项目	电动机型号		
	U	V	W
启动瞬间电流			
空载运行电流			
缺相运行电流			

§2—4 晶体管毫伏表

学习目标

1．了解晶体管毫伏表的基本组成和主要技术指标。

2．掌握晶体管毫伏表的使用方法。

用电压表测量电路中的电压时，电压表应与被测电路并联，其测量误差与电压表本身的内阻大小有关。由于普通电压表的输入阻抗较低，影响测量精度，尤其是测量高阻抗的电压时，电压表的准确度更低；而且普通电压表的工作频率低，不能测量频率很高的电压，否则将出现很大的附加误差。在这种情况下，晶体管毫伏表应运而生。

一、晶体管毫伏表的特点

由于晶体管毫伏表内部采用了电子电路，所以它具有以下优点：

（1）输入阻抗高（输入阻抗高达数兆欧），输入电容小（一般为几到几十皮法），所以对被测电路影响很小。

（2）频率范围宽。可以测量直流及数百兆赫以上的高频电压。

（3）测量范围广。对于最低量程，放大—检波式晶体管毫伏表可低至1 mV左右，检波—放大式晶体管毫伏表可低至1 V左右，而高量程一般能达到几百伏。

（4）具有不同类型的波形响应，可以测量电压的峰值、有效值和平均值。

晶体管毫伏表的缺点是准确度不高，结构比较复杂，成本较高。另外，晶体管毫伏表的稳定性受电网电压波动的影响较大，因而需要稳定的电源。

二、晶体管毫伏表的分类

常见的晶体管毫伏表按电路结构不同可分为 3 类，即直接检波式、检波—放大式和放大—检波式，如图 2—4—1 所示。

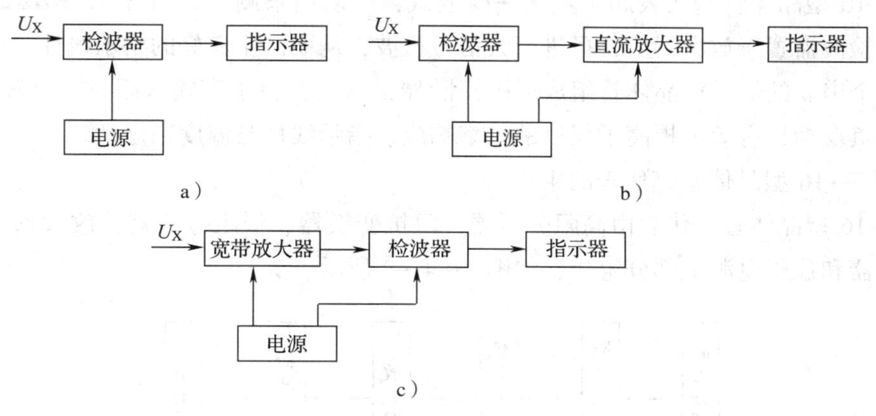

图 2—4—1　晶体管毫伏表的类型

a）直接检波式　b）检波—放大式　c）放大—检波式

1. 直接检波式

如图 2—4—1a 所示为直接检波式晶体管毫伏表。被测信号电压经检波器检波后直接由指示器（磁电系测量机构）指示出被测电压的数值。这种晶体管毫伏表由于受检波器非线性的影响及指示仪表灵敏度的限制，测量电压范围很窄（0.1～10 V），但其结构简单，通常用作电子设备内部的指示仪表。如各种信号发生器、万用电桥等电子仪器多采用这类晶体管毫伏表作为指示器。

2. 检波—放大式

如图 2—4—1b 所示为检波—放大式晶体管毫伏表。它由检波器、直流放大器、指示器和电源 4 部分组成。被测的交流信号电压先经检波器检波变为直流，再经直流放大器放大后用指示器指示。这类仪表由于受二极管小信号检波时非线性特性的限制，灵敏度不高，可测量的最小电压约为 0.1 V，但其可测频率范围很宽，可以从几十赫到几百兆赫。在测量直流电压时，可将直流电压不经检波器直接加到直流放大器上。如果在这类仪表中加装 1.5 V 电池，并在电路上稍加改造，还可用来测量直流电阻。如 DYC—5 型和 DA—2 型晶体管毫伏表就设置了类似于万用表的转换开关装置。

3. 放大—检波式

如图 2—4—1c 所示为放大—检波式晶体管毫伏表。被测的交流信号先经放大后再检波，因而克服了检波器小信号非线性失真的影响，提高了灵敏度（可以测量毫伏级的电压。若放大器增益高，稳定性好，测量范围可达微伏级）。本节以 DA—16 型晶体管毫伏表为例详细介绍这类仪表的基本原理。

三、DA—16 型晶体管毫伏表

DA—16 型晶体管毫伏表属于放大—检波式，可以用来测量 20 Hz ~ 1 MHz 的交流电压。由于检波器置于放大器后，可进行大信号检波，从而产生良好的指示线性。前置电路采用了 2 个串联的低噪声晶体管组成射极跟随器，从而获得了高输入阻抗及低噪声电平，同时使用负反馈，有效地提高了仪表的频率响应、指示线性与温度稳定性。

1．DA—16 型晶体管毫伏表的组成

DA—16 型晶体管毫伏表由高阻分压器、阻抗变换器、低阻分压器、放大器、检波电路、指示器和稳压电源 7 部分组成，如图 2—4—2 所示。

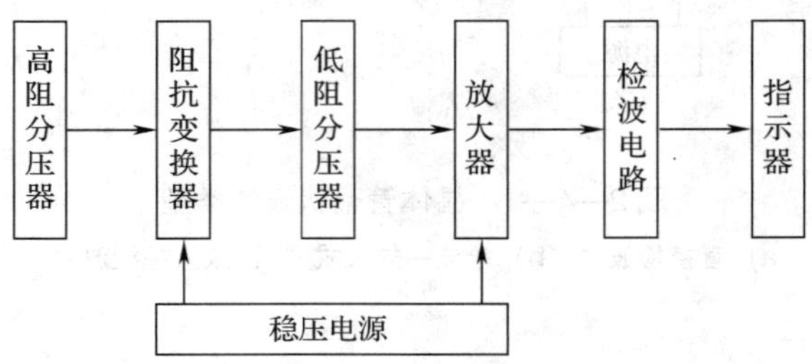

图 2—4—2　DA—16 型晶体管毫伏表原理方框图

（1）高阻分压器

当被测信号输入后，高阻分压器将信号进行适当衰减。由于毫伏表放大器只需要输入 1 mV 的被测信号，电压表指针就达到满刻度，因此，当被测电压超过 1 mV 时，就必须将信号衰减到≤1 mV 后才允许输入放大器，否则将造成放大器与电压表的过载。

（2）阻抗变换器

当用电压表测量电压时，电压表的输入阻抗越高，测量时对被测电路的影响就越小，测量精度也就越高。为获得高输入阻抗，DA—16 型晶体管毫伏表在交流放大器前面采用射极跟随器作为阻抗变换器，利用射极跟随器输入阻抗高、输出阻抗低的特性，分别与前级高阻分压器和后级低阻分压器相匹配，本仪器采用两个晶体管 VD1、VD2 串联组成射极跟随器。由于前端高阻分压器频率响应不易做好，因此，对于 0.3 V 以下的信号电压可不经高阻分压器，而直接经射极跟随器变换成低阻抗后进行分压；对于大于 0.3 V 的信号电压，为避免输出失真及烧坏晶体管，应先经前级衰减后再进入射极跟随器。

（3）放大器

被测信号电压经分压电路分压后，幅度≤1 mV，再送到放大电路进行电压放大。交流放大器的质量指标往往是整个电压表质量的关键，其要求是：

1）有足够高的增益及足够宽的频带。要求高增益是为了提高电压表的灵敏度，要求宽频带是为了扩宽电压表的频率使用范围，这两项要求显然是互相矛盾的，应在设计时有所侧重。

2）放大器增益必须稳定，否则将直接影响仪器的测量精度。

3）输入阻抗应足够高。

4）噪声应非常小，这在测量微小电压时尤其重要。

5）动态范围应足够宽。在此范围内应保证放大器的输入与输出信号之间有良好的线性关系，同时，放大器的非线性失真应尽可能小。

为满足上述要求，DA—16 型晶体管毫伏表中的放大器采用多级深度负反馈放大电路，电压增益约 60 dB。

（4）检波电路

被测信号经放大电路后，加到检波电路进行检波。DA—16 型晶体管毫伏表中的全波检波电路如图 2—4—3 所示。

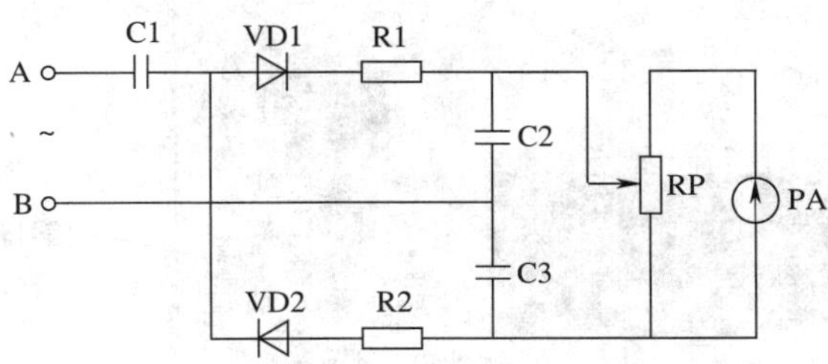

图 2—4—3 DA—16 型晶体管毫伏表全波检波电路

当输入端交流电压极性为 A 正 B 负时，二极管 VD1 导通，正向脉冲电流经 R1、C2 滤波，在 C2 两端产生上正下负的直流电压，这时，二极管 VD2 反偏截止。当被测交流电压极性为 B 正 A 负时，二极管 VD2 导通，负向脉冲电流经 C3、R2 滤波，在 C3 两端也产生上正下负的直流电压，这时，二极管 VD1 反偏截止。由于 C2、C3 上的直流电压正向串联后加到指示仪表上，因而提高了测量灵敏度。电位器 RP 并联在指示仪表两端，用于调节其灵敏度。指示仪表按有效值刻度。

（5）稳压电源

DA—16 型晶体管毫伏表的电源是一个典型的串联型 +12 V 稳压器，它向交流放大器及射极跟随器提供所需的直流电压和直流电流。

2. DA—16 型晶体管毫伏表的技术指标

（1）测量电压范围：100 μV ~ 300 V。量程为 1 mV，3 mV，10 mV，30 mV，100 mV，300 mV，1 V，3 V，10 V，30 V，300 V，共 11 挡。

（2）测量电平范围：−72 ~ 32 dB（600 Ω）。

（3）被测电压频率范围：20 Hz～1 MHz。

（4）输入阻抗：在 1 kHz 时输入阻抗大于 1 MΩ；输入电容在 1～300 mV 各挡约 70 pF，1～300 V 各挡约 50 pF。

（5）测量误差：±3%（满刻度值）。

（6）频率附加误差：20 Hz～100 kHz 时，≤±3%；20 Hz～1 MHz 时，≤±5%（10 kHz 为基准）。

（7）使用电源：220 V/50 Hz，3 W。

3. DA—16 型晶体管毫伏表的使用与维护

（1）DA—16 型晶体管毫伏表面板介绍

DA—16 型晶体管毫伏表的面板如图 2—4—4 所示。

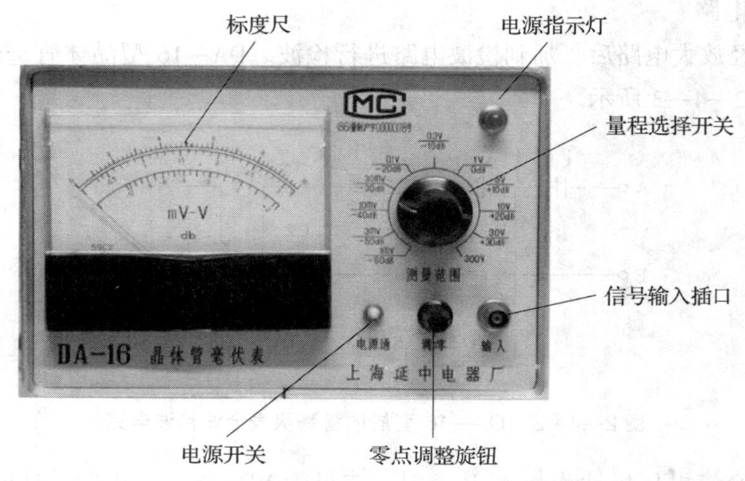

图 2—4—4　DA—16 型晶体管毫伏表面板图

1）量程选择开关。量程选择开关是仪器分压电路中的分压选择开关，它共有 11 挡量程。量程下面的分贝（dB）数供仪表作为电平表使用。

2）信号输入插口。被测信号由探极检波后，通过此插口插入晶体管毫伏表。采用同轴电缆作为被测电压的输入引线。在接入被测电压时，被测电路的接地端应与毫伏表输入端同轴电缆的屏蔽线相连接。测量探极是内装检波电路的高频探测器，独立成体。进行测量时，需将探极连接信号输入插口，被测信号经探头后进入仪器本机。

3）零点调整旋钮。零点调整旋钮是仪器检波电路中的一个电位器，当仪器输入端信号电压为零时（即两输入端短路时），仪表指示应为零，否则需调节该旋钮。

4）标度尺。标度尺上有三行刻度线，供测量时读数之用。第一行是 0～10 刻度线，为 1 mV，10 mV，0.1 V，1 V，10 V 五挡量程的读数刻度；第二行是 0～3 刻度线，为 3 mV，30 mV，0.3 V，3 V，30 V，300 V 六挡量程的读数刻度；第三行是 -12～2 dB 刻度线，为用作电平表使用时的分贝读数刻度。

5）电源开关和指示灯。电源开关控制仪器的工作，接通后指示灯即亮，说明电源开始工作。

（2）DA—16 型晶体管毫伏表的使用

1）使用方法

①首先将毫伏表垂直放置（电压表面板与地面垂直）。接通毫伏表电源开关，待仪表指针来回摆动数次后，将输入端短路，调整表头的调零电位器，将指针指在零位。

②将表接入被测电路，注意要与被测电路并联。

③为减少测量误差，应根据被测信号的大约数值，选择适当的量程，以使指针偏转的角度尽量大。若不知道被测电压的大致数值，量程开关应由高量程挡逐渐过渡到低量程挡，以免损坏设备。

④正确读数。根据量程选择开关的位置，按相对应的刻度线读数。一般指针式表盘毫伏表有三行刻度线，其中第一行和第二行刻度线指示被测电压的有效值，当量程开关置于“1”开头的量程位置时（如 1 mV，10 mV，0. 1 V，1 V，10 V），应读取第一行刻度线；当量程开关置于“3”开头的量程位置时（如 3 mV，30 mV，0. 3 V，3 V，30 V，300 V），应读取第二行刻度线。当 DA—16 型晶体管毫伏表用作电平表使用时，被测量的实际电平分贝数为表头指示分贝数与量程选择开关所示电平分贝数的代数和。

⑤测试时连线应尽可能短，最好使用屏蔽线，以减少外界感应引起的测量误差。当使用较高灵敏度挡时（毫伏级挡），应先接上接地端，后接高压端；测量完毕拆线时，应先断开高压端，后拆去接地线，以免当人手触及高压端时，交流市电通过仪表的输入阻抗及人体构成回路，形成数十伏交流电压，使表头指针损坏。

2）使用注意事项

①所测交流电压中的直流分量不得大于 300 V。

②输入端短路时，指针稍有偏转（1 mV 挡不大于满刻度值的 20%）是正常的。

③使用高灵敏度挡进行测量时，应避免输入端开路，防止外来干扰使指针超出满刻度。

④由于仪器灵敏度较高，使用时必须正确选择良好的接地点，以免造成大的测量误差。

⑤测量非正弦波电压时，指针读数无意义。在测量有规则的波形时（如方波、锯齿波等），读数也无意义，但可按波形因数进行换算，得出测量结果。

⑥测量 36 V 以上电压时要注意机壳是否带电，以保证人身安全。测量市电时，应将被测相线接高压端，零线接接地端，切勿接反。

（3）晶体管毫伏表的维护

1）应放置于干燥、通风的环境中，并注意保持仪表清洁。另外，搬运过程中应当小心轻放，以免磕碰造成仪表精度下降，甚至损坏表头。若长期不用时应定期通电，使仪表靠自身发出的热量驱赶机内潮气，并能使电容器处于良好状态。

2）若接通电源后发现指示灯不亮，可用交流电压表检查电源是否良好，再检查指示灯是否损坏或接触不良。

3）若电源接通，指示灯亮，但信号输入后表针不动，可检查被测电压与仪表挡级是否相符，输入线接触是否良好，毫伏表内部电源部分的 +12 V 直流电压是否正常，还应查看放大电路是否正常。

实训 3

用晶体管毫伏表测量正弦交流电压

一、实训目的

1. 熟悉晶体管毫伏表的基本操作。
2. 能使用晶体管毫伏表测量正弦交流电压。

二、实训设备与工具

晶体管毫伏表 1 块，稳压电源 1 块，通用工具 1 套。

三、实训内容与步骤

整流的目的是要得到平稳的直流电，要求输出的直流电中交流成分越小越好。衡量整流电源的好坏，可用纹波系数 r 表示，r = 交流分量/直流分量。

如图 2—4—5 所示为用晶体管毫伏表测量交流电压的示意图，将晶体管毫伏表的两接线端接在负载两端，测得的电压即为交流分量。将交流分量除以直流分量（如 12 V），即得纹波系数 r。

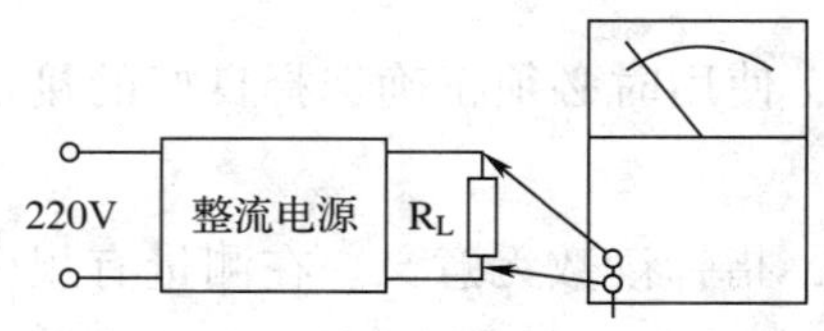

图 2—4—5　用晶体管毫伏表测量交流电压示意图

（1）按使用说明书，接通晶体管毫伏表电源，并调整备用。

（2）按稳压电源电路原理图连接电路（图 2—4—6），并通电运行。

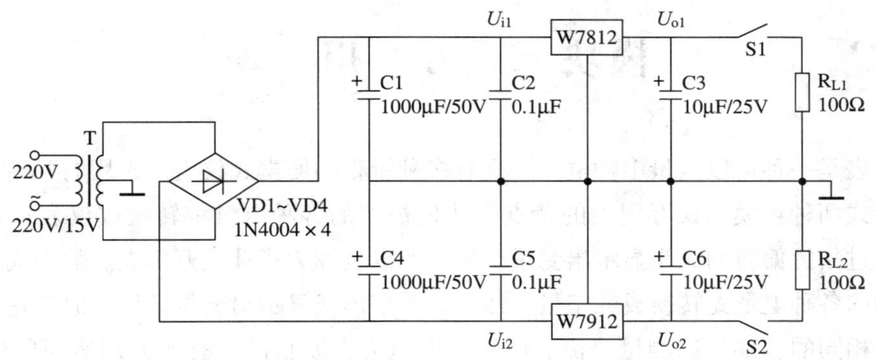

图 2—4—6　稳压电源电路原理图

（3）用晶体管毫伏表测量输出电压，并计算其平均值和纹波系数，将结果填入表 2—4—1 中。

表 2—4—1　　测量结果记录

测量次数	1	2	3	平均	*r*
正电源					
负电源					

模块三　万　用　表

万用表是一种可以测量多种电量，具有多种量程的便携式仪表。常用的万用表有模拟式和数字式两种：模拟式万用表的特点是能把被测的各种电量都转换成仪表指针的偏转角，并通过指针偏转的大小显示出测量结果，所以也称为指针式万用表。数字式万用表则是把被测的各种电量先转换成数字量，然后以数字形式显示出测量结果。但是它们的用途基本上是相同的，都是以测量电流、电压、电阻为主要目的，有的万用表还能够测量电容、电感、晶体管的β值，甚至频率、温度等。

§3—1　模拟式万用表

1. 熟悉模拟式万用表的组成和原理。
2. 掌握模拟式万用表的使用方法。

一、模拟式万用表的组成

模拟式万用表一般由测量机构、测量线路和转换开关三部分组成。MF47 型万用表的外形如图 3—1—1 所示。

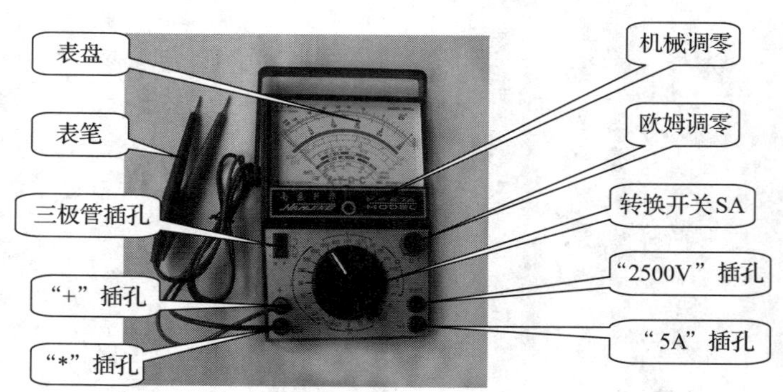

图 3—1—1　MF47 型万用表外形图

1. 测量机构

模拟式万用表的核心是测量机构（俗称"表头"），它的作用是把过渡电量转换为仪表指针的机械偏转角。测量机构的性能好坏直接影响到整个万用表的性能好坏。因此，模拟式万用表的测量机构通常采用准确度和灵敏度都很高的磁电系直流微安表，其满偏电流为几微安到几百微安。一般情况下，满偏电流越小的测量机构，其灵敏度越高。万用表的灵敏度通常用电压灵敏度（Ω/V）来表示。

2．测量线路

模拟式万用表中测量线路的作用是把各种不同的被测电量（如电流、电压、电阻等）转换为磁电系测量机构所能测量的微小直流电流（即过渡电量）。测量线路中使用的元器件主要包括分流电阻、分压电阻、整流元件、电容器等。万用表的功能越多，测量线路越复杂。如图 3—1—2 所示为 MF47 型万用表的内部结构图。由图中看到，万用表中的测量线路一般都直接焊接在印刷电路板上。这样既可以缩短接线长度，减小接线电阻的影响，同时又增强了仪表的牢固性。

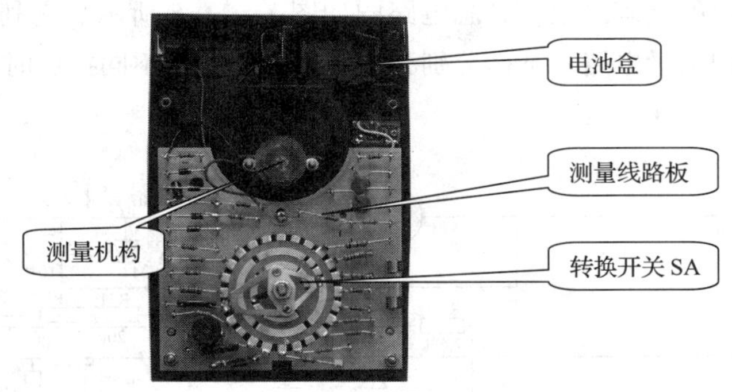

图 3—1—2　MF47 型万用表内部结构图

3．转换开关

模拟式万用表中转换开关的作用是把测量线路转换为所需要的测量种类和量程。万用表上的转换开关一般都采用多刀多掷开关。MF47 型万用表依靠一只转换开关旋钮 SA（图 3—1—3）来实现各种测量线路的转换，它采用了三层两刀二十四掷开关，共 24 个挡位。如图 3—1—4 所示为三层两刀二十四掷开关的结构示意图，它有 24 个固定触点（也称

图 3—1—3　万用表转换开关

为“掷”），沿圆周分布，对应 24 个测量挡位。在其转轴上连接有两个可动触头（也称为“刀”）。当转动旋钮时，可动触头与接在固定触点上的相应测量线路接通，就构成了不同的测量电路。

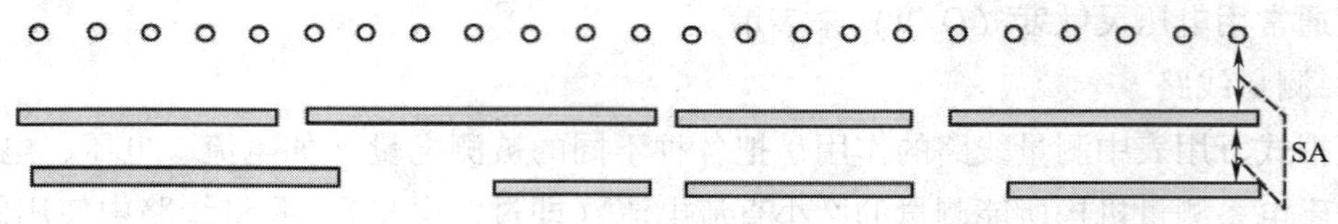

图 3—1—4　三层两刀二十四掷开关的结构示意图

二、模拟式万用表的工作原理

MF47 型万用表和其他型号的模拟式万用表的工作原理基本相同，都是建立在欧姆定律及电阻串并联规律的基础之上。其总电路图如图 3—1—5 所示。它利用转换开关 SA 的变换，可组成不同的测量电路。下面分别介绍转换开关置于不同挡位时所组成的测量电路及其原理。

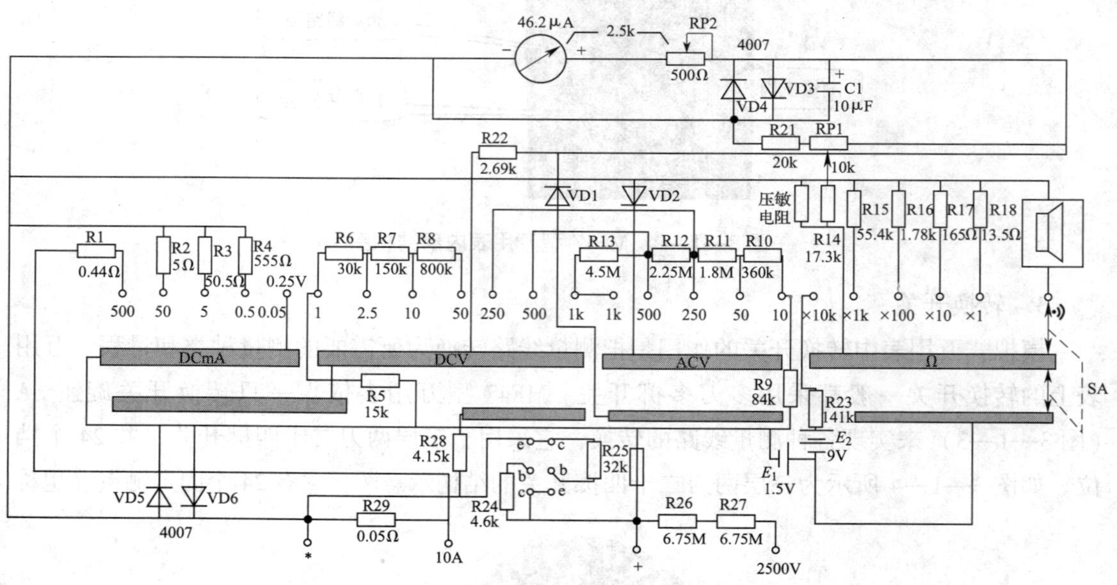

图 3—1—5　MF47 型万用表总电路图

1. 直流电流测量电路

将万用表转换开关 SA 置于“mA”挡中任意一个电流挡，就组成如图 3—1—6 所示的直流电流测量电路（图中是 500 mA 挡）。可以看出，它采用了开路式分流电路，这种电路具有计算方便，各量程互不影响的特点，但是如果转换开关一旦出现问题，轻者产生大的测量误差，重者会烧毁测量机构。为防止这类事故的发生，此表专门设置了测量机构的保护电路。因此，万用表的直流电流测量电路实质上就是一个多量程的直流电流表，其基本原理与多量程直流电流表完全相同。

由图 3—1—6 可以看出，当转换开关置于 50 μA 挡时，所用的分流电阻是 R21 和可调电阻 RP1。这样就将测量机构的灵敏度由原来的46.2 μA 扩展为极限灵敏度（即灵敏度的最小整数）50 μA，通常也把 50 μA 挡（加上隔离电阻同时也是 0.25 V 挡）称为基础挡。当转换开关置于 0.5 mA 挡时，相当于在 50 μA 的基础挡上再并联一个分流电阻 R4；置于 5 mA 挡时，相当于在 50 μA 的基础挡上并联一个分流电阻 R3；置于 50 mA 挡时，相当于在 50 μA 的基础挡上并联一个分流电阻 R2；置于 500 mA 挡时，相当于在 50 μA 的基础挡上并联一个分流电阻 R1 + R29。

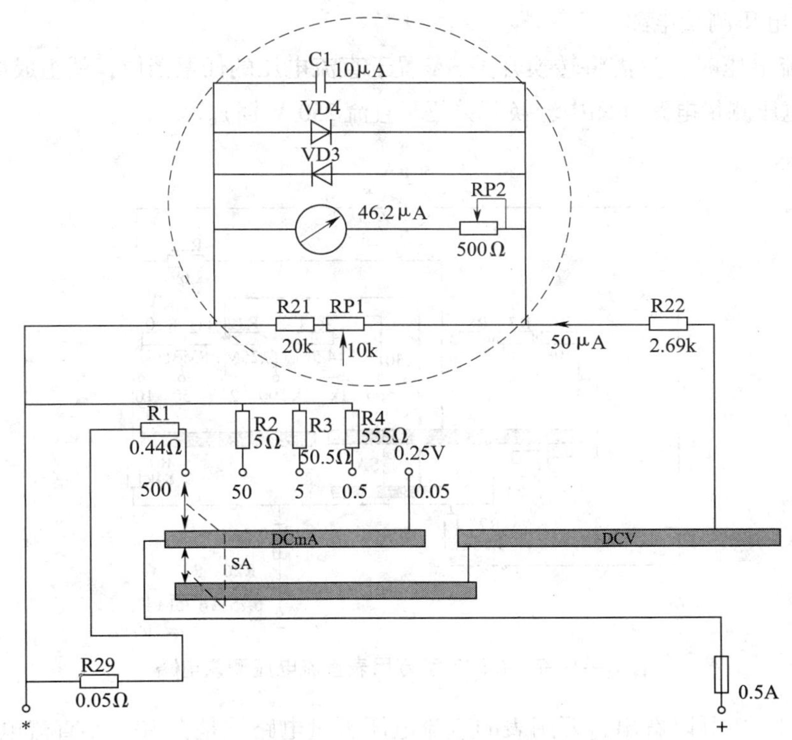

图 3—1—6　MF47 型万用表直流电流测量电路

图 3—1—6 中的电阻 R22 起隔离作用，可以防止大浪涌电流对测量机构的冲击，从而保护测量机构。

需要指出的是，由于万用表的电压挡、电阻挡等都是在 50 μA 直流电流挡的基础上扩展而成的，因此，可以把 50 μA 的电流挡等效看成一个 50 μA 的磁电系测量机构，这对以后分析电路是很方便的。另外，对于组成 50 μA 电流挡的电阻，以及直流电流挡的各分流电阻，通常都采用温度系数小、电阻率很大的锰铜丝绕制而成，以保证整个万用表有足够的准确度。

图 3—1—6 中的 RP2（阻值为 500 Ω）可调电阻，始终与测量机构串联，它在万用表电路中同时起到两个作用：一是起温度补偿作用。因为测量机构的内阻若直接与分流电阻并联，由于分流电阻通常都采用温度系数很小的锰铜丝绕制而成，其阻值不随温度变化而改变。一旦环境温度发生变化，测量机构的内阻（主要为线圈铜线的电阻）将随之变化，造成较大的仪表误差。但若与测量机构串联一只不随温度变化的电阻（即 500 Ω 的可调电阻 RP2）后，再与分流电阻并联，这种因温度变化引起的误差将会大大降低，起到温度补偿作用，从而提高了仪表的准确度。可调电阻 RP2 所起的第二个作用是扩展极限灵敏度。由于制造过程中产品或多或少都存在一定的离散性，使得测量机构的内阻不一定是一个定值，出厂前可以通过调整 RP2 的大小使得所有产品具有统一的参数指标。

2. 直流电压测量电路

测量直流电压时，只需将转换开关 SA 置于直流电压的任意挡位，就组成如图 3—1—7 所示的直流电压测量电路（图中转换开关位于直流 250 V 挡）。

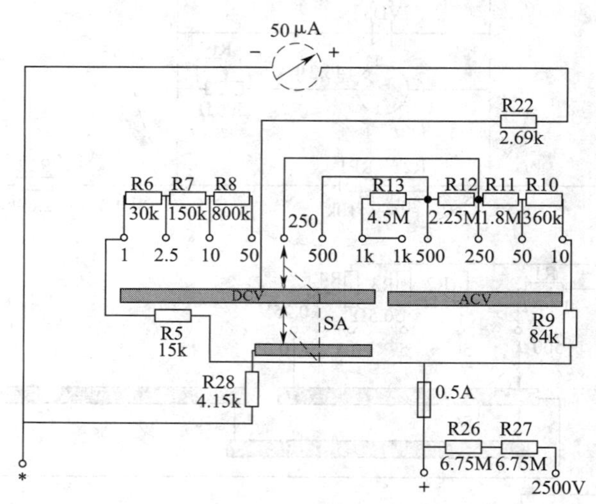

图 3—1—7　MF47 型万用表直流电压测量电路

由图 3—1—7 可以看出，万用表的直流电压测量电路就是在 50 μA 直流电流挡的基础上组成的，它实质上是一只多量程直流电压表。

MF47 型万用表直流电压测量电路采用的是共用式分压线路。当转换开关置于 1 V 挡时，所串联的分压电阻为 R5；置于 2. 5 V 挡时，所串联的分压电阻为 R5 + R6；置于 10 V 挡时，所串联的分压电阻为 R5 + R6 + R7；置于 50V 挡时，所串联的分压电阻为 R5 + R6 + R7 + R8；置于 250 V 挡时，所串联的分压电阻为 R9 + R10 + R11；置于500 V挡时，所串联的分压电阻为 R9 + R10 + R11 + R12；置于 1 000 V 挡时，所串联的分压电阻为 R9 + R10 + R11 + R12 + R13。这里需要注意两点：

（1）和交流电压挡的电流接入点不同，所有的直流电流挡除所用分压电阻外，都要串联隔离电阻 R22，而后面的交流电压挡都不要串联隔离电阻，这是因为交流电压挡和直流电压挡要共用一套电阻和同一刻度尺的缘故。

（2）直流电压挡的 250 V、500 V、1 000 V 挡中，测量机构两端都特意并联一只电阻 R28，使得电流基础挡的满偏电流由原来的 50 μA 扩展到 110 μA，如图 3—1—8 所示。

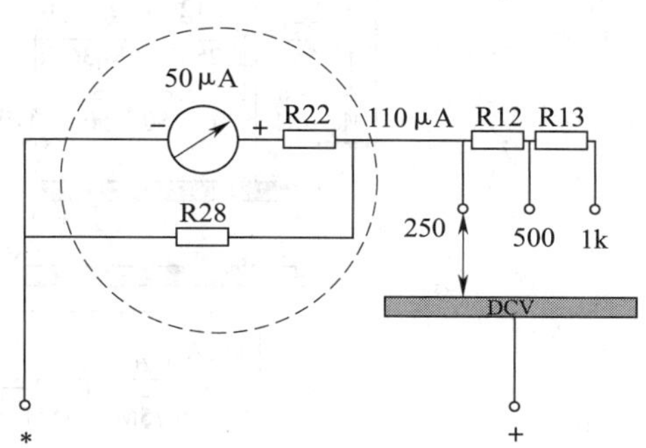

图 3—1—8　在测量机构两端并联电阻

欲测量 2 500 V 高压时，量程开关应放在 1 000 V 挡直流电压挡上，其分压电阻除包括 1 000 V 所需的分压电阻外，还要加上两只专用的电阻 R26 和 R27（阻值为 6.75 MΩ），使用时应注意将红表笔从“+”插孔拔出，改插在“2 500 V”专用插孔里，黑表笔仍插在“*”插孔里即可。

3. 交流电压测量电路

（1）用万用表测量交流电压的原理

万用表的测量机构采用的是磁电系直流微安表，所以只能测量直流电流。如果要测量交流量，只有加上整流器将交流转换成直流后，再送入测量机构，然后找出整流后的电流与输入交流电流之间的关系，才能在仪表标度尺上直接标出输入交流电的大小。前面已知，由磁电系测量机构和整流装置组成的仪表称为整流系仪表。万用表的交流电压测量电路就是在整流系仪表的基础上串联分压电阻而形成的。其工作原理与整流系交流电压表完全相同。

于是，万用表交流电压的标度尺与整流系交流电压表一样，可以直接按交流电的有效值来进行刻度，即万用表交流挡的读数是正弦交流电压的有效值。

小提示

万用表测量的交流电如果不是正弦波，将会产生波形误差。

（2）MF47 型万用表交流电压测量电路

将 MF47 型万用表的转换开关 SA 置于交流电压的任意一个量程，就组成如图 3—1—9 所示的交流电压测量电路。

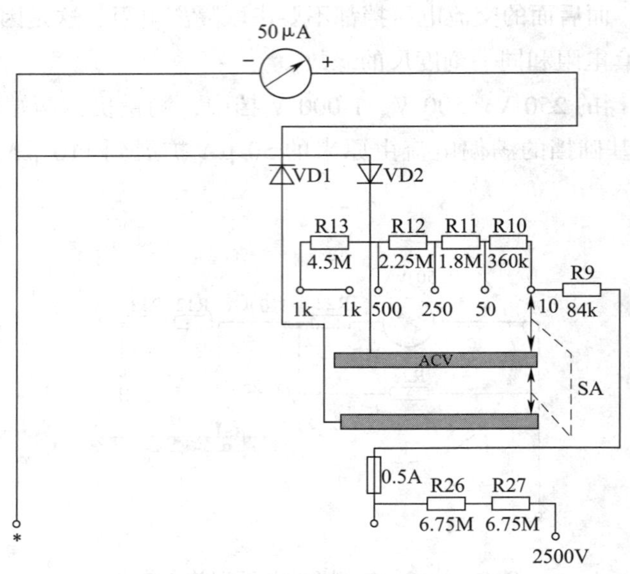

图 3—1—9　MF47 型万用表交流电压测量电路

由图 3—1—9 可以看出，交流电压测量电路也是在直流电流 50 μA 挡的基础上扩展而成的，也采用共用式分压电路。

MF47 型万用表的交流电压测量电路采用半波整流电路，整流效率低。它的 250 V 挡、500 V 挡和 1 000 V 挡的分压电阻与相应直流电压挡的分压电阻共用，并且去掉了隔离电阻 R22 和与测量机构并联的分流电阻 R28，这样，用减小分压电阻的方法，补偿由于整流效率低而使测量机构电流下降的影响，从而达到节省材料和交、直流电压挡共用一条标度尺的目的。

欲测量 2 500 V 交流高压时，量程开关应放在 1 000 V 挡交流电压挡上，其分压电阻除包括 1 000 V 所需的分压电阻外，还要加上两只专用的电阻 R26 和 R27（阻值为 6.75 MΩ），使用时应注意将红表笔从“＋”插孔拔出，改插在“2 500 V”专用插孔里，黑表笔仍插在“＊”插孔里即可。

小提示

由于整流二极管非线性的影响，在交流 10 V 挡标度尺的起始段，很明显分度是不均匀的。为了消除起始段的测量误差，交流 10 V 挡要专用一条标度尺，使用时不能与其他标度尺混用。

4. 电阻测量电路

(1) 欧姆表基本原理

用欧姆表测量电阻的原理电路如图 3—1—10 所示。图中 R0 是欧姆调零电阻，r 是电池内阻，R1 是限流电阻，R_C 是测量机构的内阻。

由全电路欧姆定律可知，电路中的电流为

$$I = \frac{E}{R_X + R_Z}$$

式中，R_Z为欧姆表总内阻，R_X为被测电阻，E 为电源电动势。

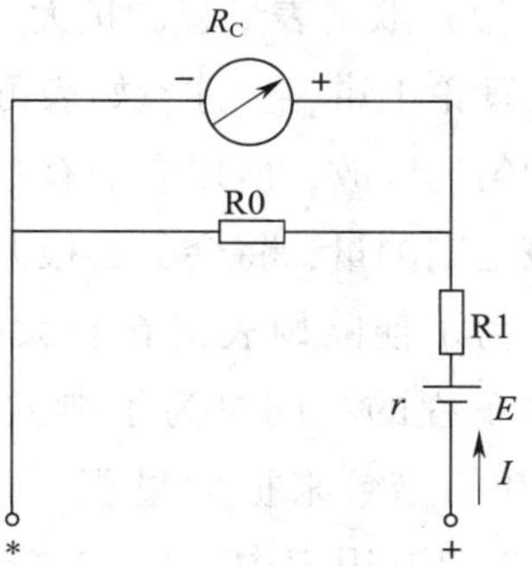

上式说明，如果欧姆表总内阻 R_Z和电池电动势 E 保持不变，则线路中的电流 I 将随被测电阻 R_X而改变，且 I 与 R_X成反比关系。可见，欧姆表测电阻的实质是测量电流。

当 $R_X = 0$ 时，调整 R_0，使 $I = I_m$，指针指在满刻度位置，规定此位置为“欧姆 0”。

图 3—1—10 用欧姆表测量电阻的原理电路

当 $R_X = R_Z$时，$I = \frac{E}{2R_Z} = \frac{1}{2}I_m$。

当 $R_X = 2R_Z$时，$I = \frac{E}{3R_Z} = \frac{1}{3}I_m$。

…

当 $R_X = \infty$ 时，$I = 0$，指针不动，规定此位置为“欧姆∞”。

由于仪表指针的偏转角与电流 I 成正比，而电流 I 与 R_X成反比。因此，仪表指针的偏转角就能够反映 R_X的大小。由以上分析可知，欧姆表的标度尺应该是不均匀的，而且是反向的，如图 3—1—11 所示。

图 3—1—11 MF47 型万用表欧姆挡标度尺

特别地，当 $R_X = R_Z$时，$I = \frac{1}{2}I_m$，指针将指在仪表标度尺的中心位置，所以 R_Z又叫欧姆中心值。因为欧姆中心值正好等于该挡欧姆表的总内阻，因此，欧姆表量程的设计都是以标度尺的中央刻度为标准，然后再求出其他电阻的刻度值。

（2）欧姆表量程的扩大

理论上讲，上述欧姆表可以测量 0 ~ ∞ 任意阻值的电阻。但实际上由于欧姆表刻度很不均匀的缘故，所以它的有效使用范围一般只在 0.1 ~ 10 倍欧姆中心值的刻度范围内，超出该范围测量，将会引起很大的误差。

为了使欧姆表能在较大范围内对被测电阻进行较准确的测量，万用表欧姆挡都做成多量程的。同时为了能共用一条标度尺，以便于读数，一般都以 R ×1 挡为基础，按 10 的倍数来扩大量程。这样，各量程的欧姆中心值就应是 10 的倍数。例如，在 MF47 型万用表中，R ×1 挡的欧姆中心值为 15 Ω，那么，R ×10 挡的欧姆中心值为 150 Ω，R ×100 挡的欧姆中心值为1 500 Ω等。只要适当设计电阻的串、并联电路就能实现这些设计。

由于欧姆表量程的扩大实际上都是通过改变其欧姆中心值来实现的，所以随着欧姆表量程的扩大，欧姆表的总内阻和被测电阻都将增加，这必然会引起流过测量机构的电流减小。因此，在扩大欧姆表量程的同时，还必须设法增加测量机构的电流。通常可采取以下两种措施：

1）保持电池电压不变，改变分流电阻值。如图 3—1—12a 所示，在保持电池电压不变的情况下，低阻挡（如 R ×1 挡）用小的分流电阻，高阻挡（如 R ×1 k 挡）用大的分流电阻。这样虽然在高阻挡时的总电流减小了，但通过测量机构的电流仍可保持不变。图中各挡的总内阻应等于该挡的欧姆中心值。一般万用表中 R ×1 ~ R ×1k 挡都采用这种方法扩大量程。

2）提高电池电压。如图 3—1—12b 所示，适当提高电池电压，这样当被测电阻和欧姆表总内阻增大后，仍可保持其电流值不变。通常万用表中 R ×10 k 挡就是采用这种方法来扩大量程的。图中 R2 是限流电阻，也是该挡欧姆表总内阻的一部分。另外，为了减小体积，万用表的 R ×10 k 挡通常采用电压较高的叠层电池。常用叠层电池的额定电压为 4.5 V、6 V、9 V、15 V 和 22.5 V 等。

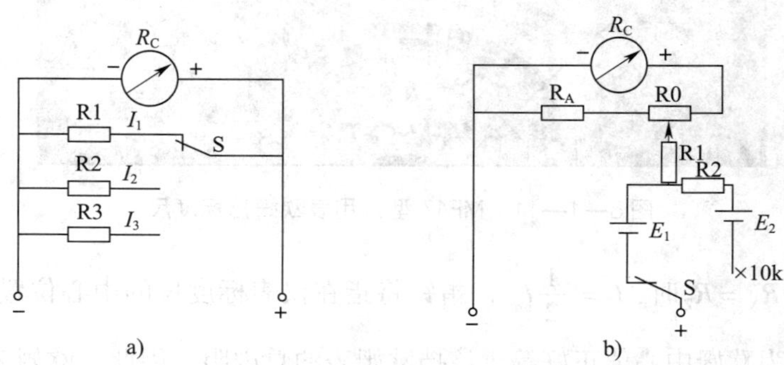

图 3—1—12　欧姆表量程的扩大

a）保持电池电压不变，改变分流电阻值　b）提高电池电压

（3）MF47 型万用表电阻测量电路

当万用表转换开关置于欧姆挡时，其电路组成如图 3—1—13 所示。由图中可以看出，欧姆挡也是在直流电流 50 μA 挡的基础上扩展而成的。电阻 R21 和可调电阻 RP1、RP2 共同组成分压式欧姆调零电路，其中可调电阻 RP1 就是欧姆调零电阻。一般情况下，只要表内电池电压不低于 1.3 V，当 $R_X=0$ 时，调节欧姆调零器就能使指针指在欧姆标度尺的“0”位置上（R×10 k 挡除外）。

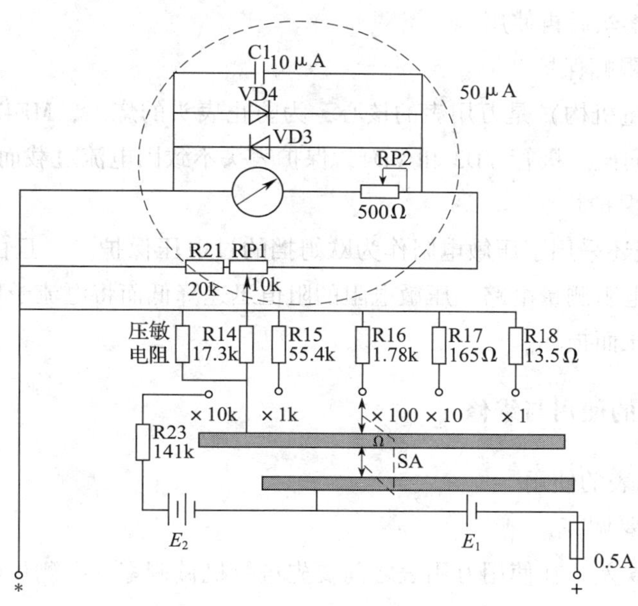

图 3—1—13　MF47 型万用表电阻测量电路

MF47 型万用表的欧姆挡共有 5 挡倍率。×1 ~ ×10 k 各挡的欧姆中心值分别为 15 Ω、150 Ω、1.5 kΩ、15 kΩ 和 150 kΩ。例如，在×1 挡，所用分流电阻为 13.5 Ω，加上电池内阻（约为 1 Ω），再考虑与其他电路的并联，则该挡总内阻为 15 Ω。

在×1 ~ ×1 k 各挡，电池电压为 1.5 V，采用改变分流电阻的方法扩大量程。在×10 k 挡，电池电压为 1.5 V +9 V =10.5 V，同时去掉了分流电阻，再串联一只 141 kΩ 的限流电阻，使×10 k 挡的欧姆中心值达到 150 kΩ。

5. 万用表常用保护措施

万用表在使用过程中若稍有不慎，就有损坏的可能。实际中为保证万用表的安全使用，必须采用相应的保护措施。MF47 型万用表中就采用了过压保护、过流自熔断保护、表头过载限幅保护以及压敏电阻保护等多种措施。

（1）过压保护

在 MF47 型万用表接线端“+”和接线端“*”之间，并联正、反向硅二极管 VD5

和 VD6，起到过压保护作用。

（2）过流自熔断保护

使用过程中，由于操作者粗心大意，往往在测量交、直流电压时却误将转换开关错拨在电流或欧姆挡，这会造成万用表在瞬间被烧毁。为防止发生这种事故，MF47 型万用表在表内输入端串联一只 0.5 A 的快速熔断器。当测量交、直流电压而转换开关错拨在电流或欧姆挡时，熔丝迅速熔断，从而起到保护万用表的作用。实际中若发现万用表不通时，应检查原因，更换熔丝后再使用。

（3）表头过载限幅保护

由于表头（测量机构）是万用表的核心，为防止表头的烧毁，MF47 型万用表的表头两端并联有正、反向硅二极管 VD3 和 VD4，保护表头不致因电流过载而损坏。

（4）压敏电阻保护

MF47 型万用表还采用了压敏电阻作为欧姆挡的过电压保护。一旦由于使用者操作失误导致高电压进入电阻测量电路，压敏电阻的阻值迅速降低而将电流予以分流，防止表头受到过大的瞬时电压而损坏。

三、模拟式万用表的使用与维修

1．模拟式万用表的使用

（1）使用之前要调零

为了减小测量误差，在使用万用表之前要先进行机械调零。在测量电阻之前，还要进行欧姆调零。

（2）要正确接线

万用表面板上的插孔和接线柱都有极性标记。使用时将红表笔与“+”极性插孔相连，黑表笔与“*”或“-”极性插孔相连。测量直流量时，要注意正、负极性，以免指针反转。测量电流时，仪表应串联在被测电路中；测量电压时，仪表应并联在被测电路两端。在用万用表测量晶体管时，应牢记万用表的红表笔与表内部电池的负极相接，黑表笔与表内部电池的正极相接。

（3）要正确选择测量挡位

测量挡位包括测量对象和量程。如测量电压时应将转换开关放在相应的电压挡，测量电流时应放在相应的电流挡等。如误用电流挡去测量电压，会造成短路事故而使仪表损坏。选择电流或电压量程时，最好使指针处在标度尺三分之二以上的位置；选择电阻量程时，最好使指针处在标度尺的中间位置。这样做的目的是为了尽量减小测量误差。测量时，当不能确定被测电流、电压的数值范围时，应先将转换开关转至对应的最大量程，然后根据指针的偏转程度逐步减小至合适的量程。

小提示

严禁在被测电阻带电的情况下用欧姆挡去测量电阻。否则，外加电压极易造成万用表的损坏。

（4）要正确读数

在万用表的表盘上有许多条标度尺，分别用于不同的测量对象。所以测量时要在对应的标度尺上读数，同时应注意标度尺读数和量程的配合，避免出错。

（5）要注意操作安全

在进行高电压测量或测量点附近有高电压时，一定要注意人身和仪表的安全。在进行高电压及大电流测量时，严禁带电切换量程开关，否则有可能损坏转换开关。

另外，万用表用完之后，最好将转换开关置于空挡或交流电压最高挡，以防下次测量时由于疏忽而损坏万用表。

2. 模拟式万用表电路图识读及故障排除

（1）模拟式万用表电路图阅读方法

1）熟悉各元件的符号、作用及在实物中的位置，明确转换开关触点的位置。

2）由于直流电流挡是万用表的基础挡，因此，阅读万用表电路图时一般先阅读直流电流测量电路，然后依次阅读直流电压测量电路、交流电压测量电路、电阻测量电路等。

3）阅读电流、电压测量电路图时，应从正表笔出发，经测量电路到达负表笔；阅读电阻测量电路图时，应从表内电池的正极出发，经测量电路、被测电阻 R_X，最后回到电池的负极。

4）检查线路故障时，可按上述顺序依次检查，遇有分支电路时，应先排除不通的支路，再继续查下去，直至将线路查完。

（2）模拟式万用表故障检查及排除

万用表的常见故障主要包括测量机构（表头）机械故障和电路故障。这里主要介绍万用表内部电路故障及排除方法。

1）直流电流挡的故障及排除。找一只准确度较高的毫安表或无故障的万用表作为标准表，与故障表串联后去测量一直流电流。若故障表读数比标准表大得多，则多为分流电阻开路所致。若无读数，可将故障表转换开关置于直流电压最低挡（如2.5 V挡），直接去测量一节新干电池的电压，若仍无读数，则为表头线路开路；若有读数且指示值大于1.6 V，则为分流电阻开路。

排除方法：若为表头线路开路，应找出其开路的原因。若为分流电阻开路，则需打开仪表后盖，逐一检查各个分流电阻（一般为绕线式电阻），并将损坏的分流电阻换掉。

小提示

直流电流挡分流电阻是万用表中极易损坏的元件之一，且大多数故障是烧断。此时只需要打开万用表后盖，寻找有明显烧坏痕迹的线绕电阻，就能迅速判断其故障所在。

2）电压挡的故障及排除（表3—1—1）。

表3—1—1　　电压挡的故障及排除

	故障现象	原　　因	排除方法
直流电压挡	各挡读数都偏大	万用表受潮，使分压电阻阻值变小	烘干万用表
	各挡读数都偏小，量程越高，偏小越严重	分压电阻变值	更换新的分压电阻
	低量程正常，高量程时指针不动	高量程所用的分压电阻开路	换掉开路的分压电阻
交流电压挡	各挡均无读数	一般为整流元件损坏或测量线路中有开路现象	更换损坏的二极管，查出线路中的开路部位并修复
	各挡都有读数，但读数都减小一半	全波整流电路的一半失效，变成半波整流电路所致	更换损坏的整流元件

3）电阻挡的故障及排除（表3—1—2）。正常情况下，将转换开关置于R×1 k挡，将两表笔短接，转动欧姆调零器，指针应平稳移至零欧姆处。然后将开关依次旋至R×100、R×10、R×1各挡，指针应逐渐偏离零欧姆处，但最终都能调至零欧姆处。

表3—1—2　　电阻挡的故障及排除

	故障现象	原　　因	排除方法
电阻挡	调节欧姆调零器，指针始终调不到零处，在R×1挡更甚	电池电压已低于1.3 V	更换新电池
	欧姆调零器失调或调节过程中指针有跳动现象	欧姆调零电位器有故障而引起	更换或修理欧姆调零电位器
	个别挡位读数不准	通常为该挡分流电阻变值所致	更换变值的分流电阻
	各挡都不准确或都无读数	电池线路开路、限流电阻开路或变值所引起	接通电池线路或更换限流电阻
	某挡的测量值比实际值大了10倍、100倍或1 000倍	该挡的分流电阻开路所引起	接通分流电阻

实训 1

模拟式万用表的使用

一、实训目的

1. 熟悉模拟式万用表的结构及工作原理。

2. 掌握用模拟式万用表测量交流电压、直流电压、直流电流及电阻的方法。

二、实训设备与工具

模拟式万用表 1 块，单相调压器 1 台，电源变压器 1 台，整流滤波元件若干，不同阻值的电阻若干。

三、实训内容与步骤

（1）仔细阅读 § 3—1 的有关内容。

（2）检查万用表是否完好。万用表外壳应完好，挡位应灵活，表笔绝缘应完整，导线应完好无损。

（3）用模拟式万用表的交流电压挡和直流电压挡分别测量交流电压和直流电压。

1）选择适当负载，按如图 3—1—14 所示电路连接。

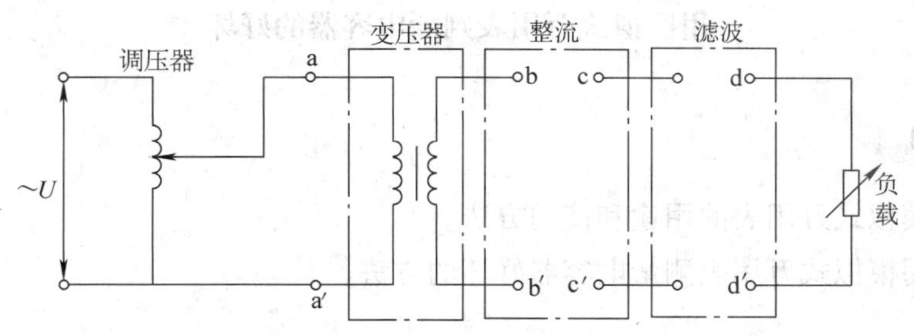

图 3—1—14　万用表实验电路图

2）调整调压器，使之输出适当大小的电压，将万用表转换开关置于交流电压挡适当量程，分别测量图中的 a ~ a′和 b ~ b′之间的电压值，将测得的电压值填入表 3—1—3 中。

3）将模拟式万用表转换开关调至直流电压挡适当量程，分别测量图中 c ~ c′和 d ~ d′之间的电压值，并将测得的电压值填入表 3—1—3 中。

表 3—1—3　　测量结果记录

万用表挡位	a ~ a′	b ~ b′	c ~ c′	d ~ d′	备注
直流电压挡					
交流电压挡					

（4）用模拟式万用表直流电流挡测量直流电流。

将万用表转换开关置于直流电流挡的适当量程，并将两表笔与负载串联（注意正负极性），测得负载电流大小为________。

（5）用模拟式万用表欧姆挡测量电阻。

将万用表转换开关置于欧姆挡适当量程，将两表笔短接进行欧姆调零，然后测量被测电阻数值：

R_1 = ________；R_2 = ________；R_3 = ________。

1. 测量过程中，每次转换欧姆量程后，都必须重新进行欧姆调零。
2. 测量过程中，若不知道被测电流和电压的大致范围时，应从其最大量程开始试测。
3. 测量完毕，应将万用表转换开关置于交流电压最高挡或空挡。

实训 2

用模拟式万用表判断电容器的好坏

一、实训目的

1. 熟悉模拟式万用表的用途和使用方法。
2. 掌握用模拟式万用表测量电容器好坏的方法。

二、实训设备与工具

模拟式万用表 1 块，4 700 pF/25 V 电容器 1 只，1 μF/25 V 电容器 1 只，50 μF/25 V 电容器 1 只，100 μF/25 V 电容器 1 只。

三、实训内容与步骤

将模拟式万用表转换开关置于欧姆挡 R ×1 k 或 R ×10 k 位置，进行欧姆调零后，用两表笔分别接触电容器的两端（若测量电解电容器时，黑表笔应接电容器的“ + ”极，红表笔应接电容器的“ – ”极）。

当电容器容量在 1 μF 以上时，表针应先很快按顺时针方向（$R=0$ 的方向）摆动一下，然后按逆时针方向逐步退回 $R=\infty$ 处。如果指针回不到"∞"位置，则指针所指阻值就是电容器的漏电阻。一般电容器的漏电阻很大，约为几十兆欧到几百兆欧，电解电容器的漏电阻约几兆欧。如测量结果比上述数值小得多，则说明该电容器漏电严重，不能使用。

在上述测量过程中，表针摆动幅度越大，说明电容量越大，有时表针甚至会摆过零位。如果接通时表针根本不动，说明该电容器内部开路；如果表针摆到零位后不再返回，则说明该电容器已被击穿。

对于容量较小（如小于 0.01 μF）的电容器，一般不能用万用表判断其好坏。而对于容量较大（如大于 10 μF）的电容器，应先将电容器放电后再测量，以防止过大的放电电流损坏表头指针。

将测量结果记录在表 3—1—4 中。

表 3—1—4　　测量结果记录

电容	4 700 pF	1 μF	50 μF	100 μF
漏电阻				
指针偏转大小				

§3—2　数字式万用表

学习目标

1. 了解数字式万用表的组成。

2. 熟悉数字式万用表直流电压测量电路的工作原理。

3. 熟悉数字式万用表直流电流测量电路、交流电压测量电路、电阻测量电路以及晶体三极管 h_{FE} 测量电路的工作原理。

4. 掌握数字式万用表的使用方法。

目前在国内广泛使用的数字式万用表主要有 DT—800 系列的 $3\frac{1}{2}$ 位和 $4\frac{1}{2}$ 位型号，其中 DT—830 型为该系列中的一种 $3\frac{1}{2}$ 位便携式数字万用表。该表采用由 CC7106 型 A/D 转换器组成的数字式电压基本表作为仪表的核心，整机体积小、功耗低、价格便宜、使用方便。

一、数字式万用表的组成及工作原理

尽管目前国内外生产的数字式万用表型号不同，整机电路也各不相同，但其基本工作原理大同小异。数字式万用表主要由数字式电压基本表、测量线路、量程转换开关三部分组成。数字式电压基本表是数字式万用表的核心，它相当于指示类仪表的测量机构。测量线路的作用是将被测的各种电量和电参量转换为微小的直流电压，供数字式电压基本表显示数值。量程转换开关的作用是当其置于不同位置时，可接通不同的测量线路。

下面介绍常见的以 CC7106 型 A/D 转换器为核心组成的 DT—830 型数字式万用表的基本原理。

1. 直流电压测量电路

数字式万用表直流电压测量电路是利用分压电阻来扩大电压量程的，如图 3—2—1 所示。

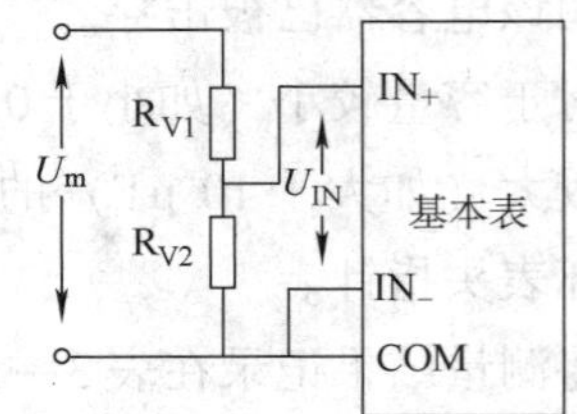

图 3—2—1　数字式直流电压表原理

小提示

在计算分压电阻时，应遵循下列原则：

（1）由于数字式电压基本表输入电阻极大，可视其输入端开路。

（2）由于数字式电压基本表的最大显示值是 1 999，因此，量程扩大后的满量程显示值也只能是 1 999，仅仅是单位和小数点的位置不同而已。

【例 3—2—1】 如图 3—2—1 所示电路，欲将量程为 200 mV 的数字式电压基本表扩大成量程为 2 V 的直流电压表，若要求该表输入电阻为 10 MΩ（即要求 $R_{sr}=R_{V1}+R_{V2}=10\ \mathrm{M\Omega}$），求分压电阻的阻值。

解： 先求得分压比

$$K=\frac{U_{IN}}{U_m}=\frac{0.2}{2}=\frac{1}{10}$$

再求得分压电阻

$$R_{V2}=KR_{sr}=\frac{1}{10}\times 10=1\ \mathrm{M\Omega}$$

$$R_{V1}=R_{sr}-R_{V2}=10-1=9\ \mathrm{M\Omega}$$

因此，分压电阻 $R_{V1}=9\ \mathrm{M\Omega}$，$R_{V2}=1\ \mathrm{M\Omega}$。

DT—830 型数字式万用表直流电压测量电路如图 3—2—2 所示。利用分压电阻 R7 ~ R12 可以把量程为 200 mV 的电压基本表扩展成具有五个量程的直流电压测量电路。为保护数字电压表，常在分压器输出端与 IN_+ 之间串联接入 0.5 A 的快速熔断器 R6 和限流电阻 R31，作为过流保护。

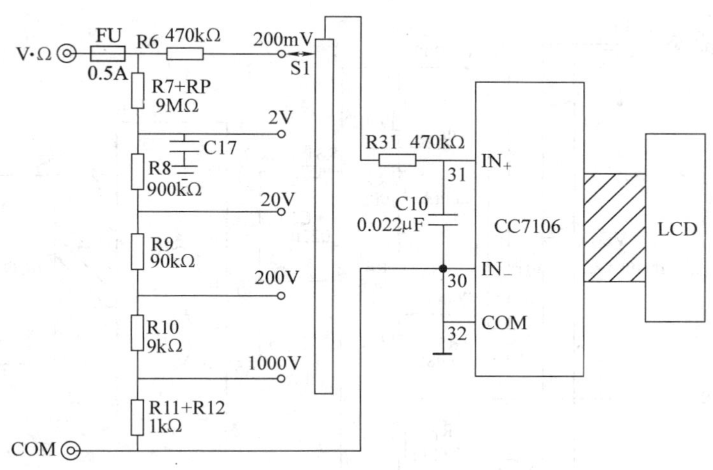

图 3—2—2　数字式万用表直流电压测量电路

2. 直流电流测量电路

只要使被测电流在分流电阻上产生压降，并以此作为电压基本表的输入电压，即可显示出被测电流的大小。因此，数字式直流电流表是由数字式电压基本表和分流电阻并联组成的，如图 3—2—3 所示。由于数字式电压基本表的输入阻抗极高，可视为开路，对电流的分流作用近似等于零，所以这里的分流电阻 R_A 只起到将被测电流 I 转换为输入电压的作用。

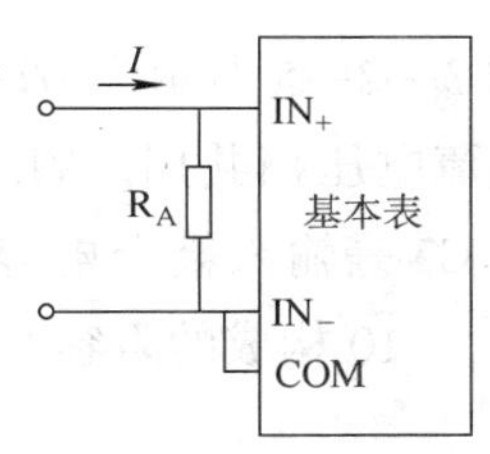

图 3—2—3　数字式直流电流表原理

利用欧姆定律可以方便地计算出分流电阻 R_A 的值。

【例 3—2—2】 如图 3—2—3 所示电路，已知数字式基本表的电压量程为 $U_m = 200\ \text{mV} = 0.2\ \text{V}$，若要求将电流量程扩大为 $I_m = 10\ \text{A}$，求分流电阻的阻值。

解：分流电阻值为

$$R_A = \frac{U_m}{I_m} = \frac{0.2}{10} = 0.02\ \Omega$$

因此，分流电阻值为 0.02 Ω。

如图 3—2—4 所示为 DT—830 型数字式万用表的直流电流测量电路。R2 ~ R5、R_{CU} 为分流电阻，它们均采用高精度电阻。实际中只要将直流电压挡调整好即可，本挡不必调整。电路中设有快速熔断器作过流保护，二极管 VD1、VD2 作过压保护。

3. 交流电压测量电路

在数字式万用表中，为提高测量交流信号的灵敏度和准确度，一般采用先将被测交流电压降压后，经线性 AC（交流）/DC（直流）转换器变换成微小直流电压，再送入电压基本表中进行显示的方法。

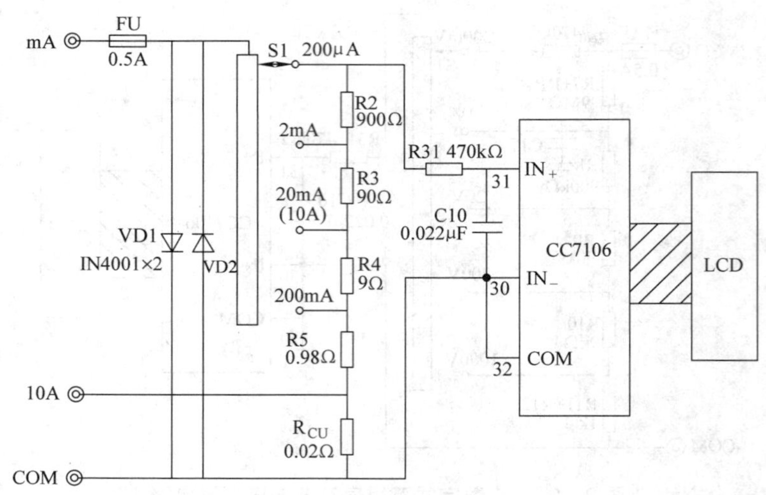

图 3—2—4　数字式万用表直流电流测量电路

如图 3—2—5 所示为 DT—830 型数字式万用表的交流电压测量电路。分压电阻 R7 ~ R12 与直流电压挡共用。VD5、VD6、VD11、VD12 接在 AC/DC 转换器输入端作过压保护。C1、C2 是输入耦合电容，R21、R22 是输入电阻。AC/DC 转换器的输出端接 R26、C6、R31、C10 构成的阻容滤波器，进行滤波。

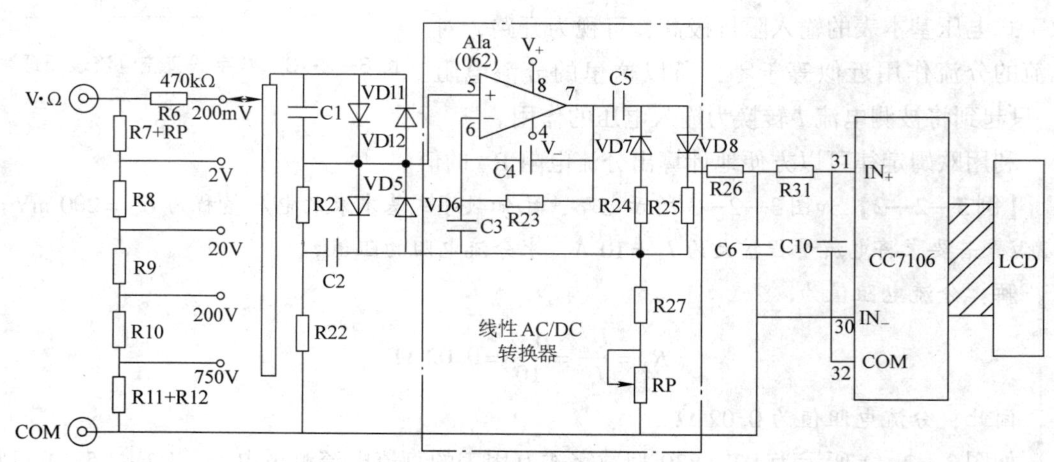

图 3—2—5　数字式万用表交流电压测量电路

线性 AC/ DC 转换器

线性 AC/DC 转换器的优点是：由于运算放大器 Ala 的放大作用，即使输入信号很弱，也能保证 VD7、VD8 在较强的信号下工作，从而避免二极管在小信号整流时所引起的非线性失真。

线性 AC/DC 转换器由双运算放大器 062 其中的一组 Ala 和二极管 VD7、VD8 组成，如图 3—2—5 所示。R23 是运算放大器的负反馈电阻，用于稳定静态工作点。C5 是充、放电电容，并有隔直流作用。VD8、R25、R27 及 RP 构成分压器，调整 RP 可改变其输出电压大小，供校正仪表时使用。

线性 AC/DC 转换器工作过程如下：当输入信号电压 u_x 为正半周时，先经 Ala 放大后，再通过 C5→VD8→R25→R27→RP→COM 对电容 C5 进行充电，经 VD8 整流后的电压再经阻容滤波后就可送入数字式电压基本表；当 u_x 为负半周时，经 COM→RP→R27→R24→VD7→C5→Ala 对电容 C5 缓慢地放电。显然，这属于半波整流电路。调节 RP 的大小，使输出电压的平均值等于输入交流电压的有效值，然后送入数字式电压基本表，就能构成一个数字式交流电压表。

4. 电阻测量电路

（1）数字式欧姆表的原理

数字式万用表一般采用比例法测量电阻，不仅简化了电路，还保证了测量准确度，其原理如图 3—2—6 所示。

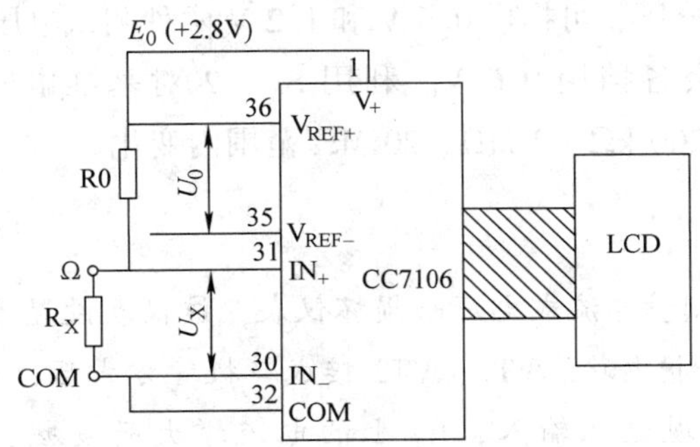

图 3—2—6　比例法测电阻的原理

利用 CC7106 型 AC/DC 转换器中的 2.8 V 基准电压源向被测电阻 R_X 和基准电阻 R0 提供测试电流 I，R0 上的压降 U_0 作为基准电压，R_X 上的压降 U_X 作为输入电压，则

$$\frac{U_X}{U_0}=\frac{IR_X}{IR_0}=\frac{R_X}{R_0}$$

当 $R_X=R_0$ 时，显示值为 1 000，当 $R_X=2R_0$ 时满量程。

通常，显示值 $=\frac{U_X}{U_0}\times 1\ 000=\frac{R_X}{R_0}\times 1\ 000$。

以 200 Ω 挡为例，取 $R_0=100\ \Omega$，并代入上式，显示值 $=10R_X$，只要将小数点定在十位，即可直接读取测量结果。

（2）DT—830 型数字式万用表电阻测量电路

DT—830 型数字式万用表采用比例法测量电阻，其电阻测量电路如图 3—2—7 所示。

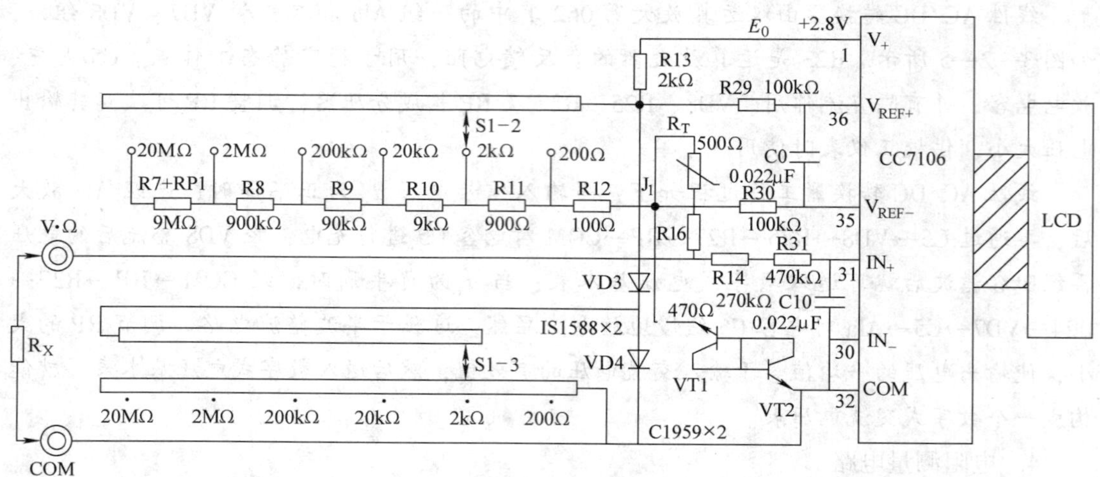

图 3—2—7　数字式万用表电阻测量电路

测量电阻时，要将原来的基准电压分压电路全部断开，接入基准电阻（RP1、R7 ~ R12），基准电阻上的压降就作为基准电压。V_+输出的 2.8 V 电压经限流电阻 R13 和二极管 VD3、VD4 串联分压，可提供 0.6 V 和 1.2 V 两种测试电压，并由 S1 – 3 切换。在 200 Ω 挡用 1.2 V，其余各挡用 0.6 V。利用 S1 – 2 对基准电阻进行切换，使量程在 200 Ω、2 kΩ、20 kΩ、200 kΩ、2 MΩ、20 MΩ 范围内变化。

小提示

为防止误用欧姆挡测量电流或电压而损坏仪表，该仪表设置了由热敏电阻 RT、R16、VT1、VT2 组成的过压保护电路。VT1、VT2 接成二极管方式后，再反向串联使用。常温下 $R_T \approx 500\ \Omega$，一旦出现过压输入，R_T 上的电流增大而发热，其阻值迅速减小，使 VT1 反向导通，VT2 正向导通，起到限幅保护作用。R16 与 R_T 串联，可以限制 VT1 的反向击穿电流，防止烧坏晶体管。

5. 晶体三极管 h_{FE} 测量电路

通过转换开关的切换，可组成 PNP 型晶体管测量电路，如图 3—2—8a 所示，NPN 型晶体管测量电路如图 3—2—8b 所示。由 V_+ 输出的 2.8 V 基准电压源作为测量电源。基极电阻 R_b 是 NPN 型和 PNP 型共用的。2.8 V 电源通过 R_b 向被测晶体管提供固定的 10 μA 基极电流。取样电阻 R0 可将集电极电流 I_c（约等于发射极电流）转换为数字式电压基本表的输入电压，即

$$U_{IN} = I_c R_0 = h_{FE} I_b R_0$$

如果已知 $I_b = 10\ \mu A$，$R_0 = 10\ \Omega$，代入上式得

$$U_{IN} = 100 h_{FE}\ (\mu V) = 0.1\ h_{FE}\ (mV)$$

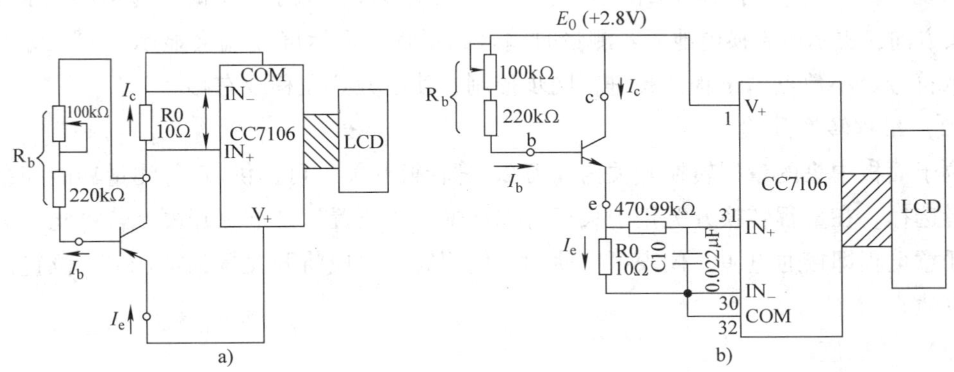

图 3—2—8　晶体管 h_{FE} 测量电路

a）PNP 型晶体管测量电路　b）NPN 型晶体管测量电路

$$h_{FE}=10U_{IN}\ \text{(mV)}$$

因此，利用数字式电压基本表 200 mV 量程测量晶体三极管的 h_{FE}，只要去掉小数点，则显示值就等于 h_{FE} 值。

小提示

对于上述晶体管 h_{FE} 测量电路，由于测量电源提供的测试电压较低，故仅适用于测量小功率晶体管。另外，该测量电路尽管理论上可测得 $h_{FE}=1\ 999$，但 h_{FE} 值过大会影响基准电压源的稳定性，故规定被测管的 h_{FE} 值不宜超过 1 000，最好在 500 以下。

二、数字式万用表的使用

DT—800 系列包括 DT—830、DT—860、DT—890 等型号，均属于目前国内较常见的 $3\frac{1}{2}$ 位便携式液晶显示数字式万用表。下面以 DT—830B 型为例，说明数字式万用表的使用方法。

1．DT—830B 型数字式万用表的面板结构

DT—830B 型数字式万用表的前面板如图 3—2—9 所示，前面板包括液晶显示器、电源开关、量程转换开关、输入插孔、h_{FE} 插座等，后面板装有电池盒。

（1）液晶显示器

该表采用 FE 型大字号 LCD 显示器，最大显示值为 1 999（或 −1 999）。该表还具有自动调零和自动显示极性功能，测量时若被测电压或电流的极性为负，会在显示

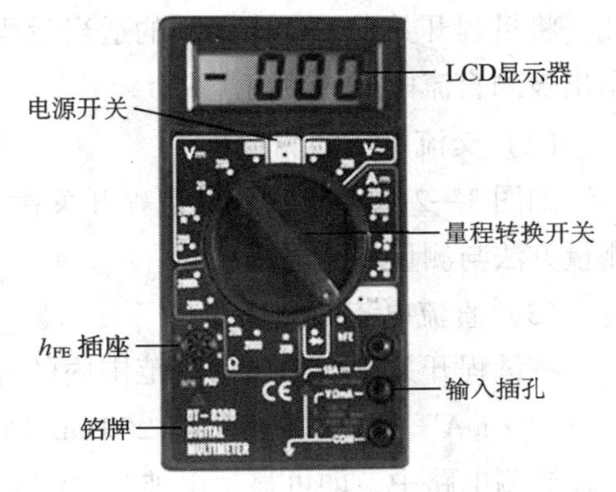

图 3—2—9　DT—830B 型数字式万用表前面板

值前出现“－”号。当仪表所用电源电压（正常为9 V）低于7 V时，显示屏左上方将显示箭头方向，提示应更换电池。若测量时输入超量程，显示屏左端会显示“1”或“－1”的提示符号。小数点由量程开关进行同步控制，使小数点左移或右移。

（2）量程转换开关

位于面板中央的量程转换开关为6刀20掷转换开关，可提供20种测量功能和量程供使用者选择。在量程转换开关正中央标有“OFF”的位置就是电源开关。若将此开关拨到其他任意量程即接通电源，仪表可以使用。使用完毕，应将开关拨到“OFF”位置，以免空耗电池。

（3）h_{FE}插座

位于量程开关的左下方，采用四眼插座，旁边分别标有B、C、E。其中E孔有两个，在内部连通。测量时，应将被测晶体管三个极对应插入B、C、E孔内。

（4）输入插孔

输入插孔共有三个，位于面板右下方。使用时，黑表笔插在“COM”插孔，红表笔应根据被测量的种类和量程不同，分别插在“V·Ω·mA”或“10 A”插孔内。使用时应注意：在“V·Ω·mA”与“COM”之间标有“1 000V MAX”及“0.2A MAX”的字样，这表示从这两个插孔输入的交、直流电压不得超过1 000 V，输入的交、直流电流值不得超过200 mA。另外，在“10 A”与“COM”之间标有“10A MAX”，表示在对应插孔输入的直流电流值不得超过10 A。

（5）电池盒

电池盒位于后盖下方。为便于检修，起过载保护的0.5 A快速熔断器也装在电池盒内。

2. 数字式万用表的使用方法

（1）直流电压的测量

如图3—2—10所示，将红表笔插入“V·Ω·mA”插孔，黑表笔插入“COM”插孔，将量程开关置于“DCV”的适当量程。两表笔并联在被测电路两端，显示屏上就显示出被测直流电压的数值。

（2）交流电压的测量

如图3—2—11所示，将量程开关拨至“ACV”范围内的适当量程，表笔接法同上，测量方法与测量直流电压相同。

（3）直流电流的测量

将量程开关拨至“DCA”范围内的合适挡，黑表笔插入“COM”插孔，红表笔插入“V·Ω·mA”插孔（电流值<200 mA）或“10A”插孔（电流值>200 mA）。把仪表串联在被测电路中，即可显示出被测直流电流的数值，如图3—2—12所示。

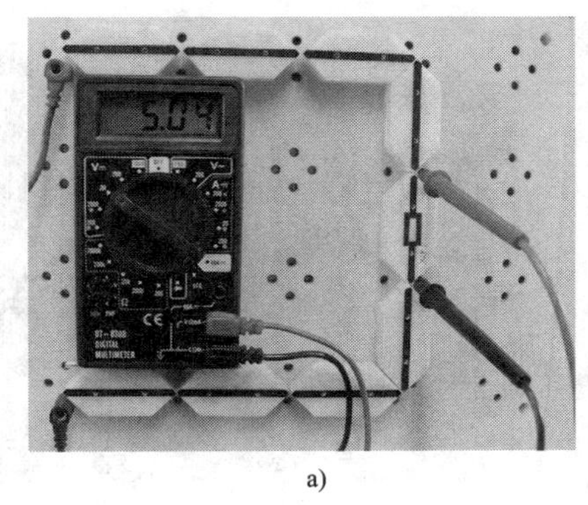

a)

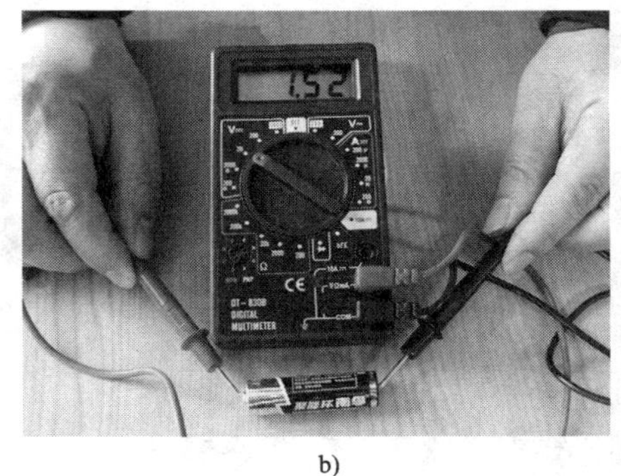

b)

图 3—2—10 测量直流电压

a）测量电阻两端电压 b）测量电池电动势

（4）电阻的测量

如图 3—2—13 所示，将量程开关拨至“Ω”范围内的合适挡，红表笔插入“V · Ω · mA”插孔，黑表笔插入“COM”插孔。若量程开关置于 20 M 或 2 M 挡，显示值以“MΩ”为单位，置于 2 k 挡以“kΩ”为单位，置于 200 挡以“Ω”为单位。

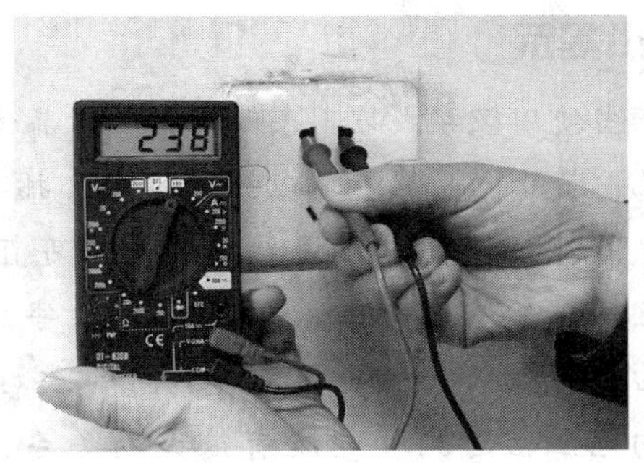

图 3—2—11 测量交流电压

图 3—2—12 测量直流电流

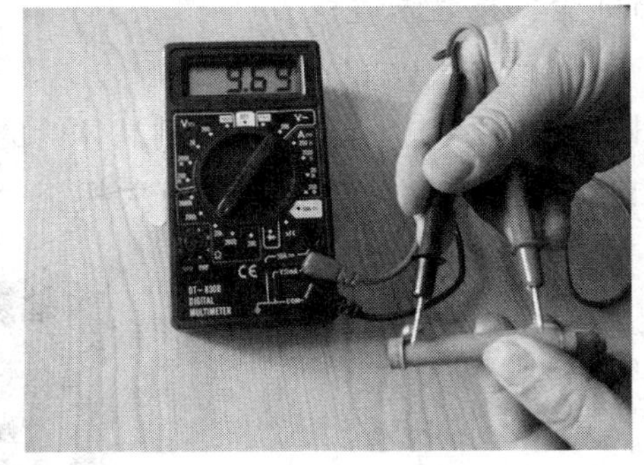

图 3—2—13 测量电阻

（5）二极管的测量

如图 3—2—14 所示，将量程开关拨至“─|◁─”挡，红表笔插入“V · Ω · mA”插孔，接二极管正极；黑表笔插入“COM”插孔，接二极管负极。此时显示的是二极管的正向电压，若为锗管应显示 0. 150 ~ 0. 300 V；若为硅管应显示 0. 550 ~ 0. 700 V。如果显示 000，表示二极管被击穿；显示 1，表示二极管内部开路。

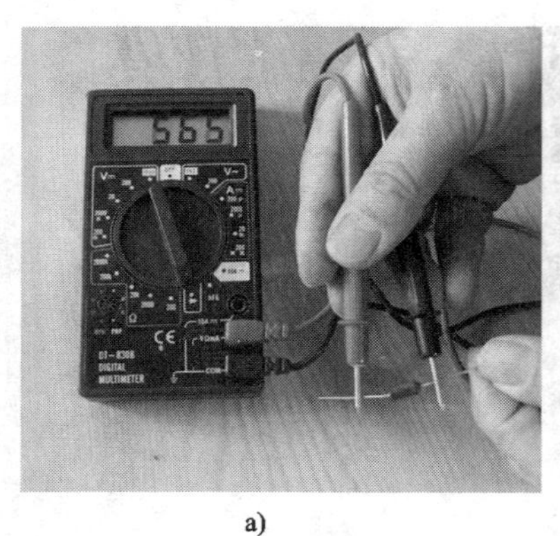

a)

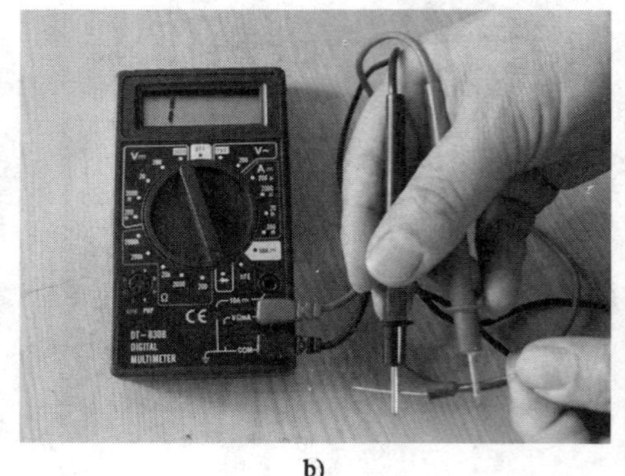

b)

图 3—2—14　测量二极管

a）测量二极管的正向电阻　b）测量二极管的反向电阻

小提示

当使用数字式万用表欧姆挡测量晶体管、电解电容等元器件时，红表笔应插“V · Ω”插孔，带正电；黑表笔应插“COM”插孔，带负电。这点与模拟式万用表正好相反。

另外，模拟式万用表的欧姆挡可直接用来检查二极管，但数字式万用表的欧姆挡不宜用来检查二极管。这是因为数字式万用表欧姆挡所能提供的测量电流太小，通常为 0.1 μA ~ 0.5 mA（随不同的欧姆挡而改变），而二极管属于非线性元件，其正反向电阻值与测量电流有很大的关系，因此，测量出来的电阻值与正常值有较大差别，往往难以判定。所以数字式万用表专门设置了二极管挡来检测二极管，这样既准确可靠，又显示直观。

（6）晶体管 h_{FE} 的测量

如图 3—2—15 所示，将被测晶体管的管脚插入 h_{FE} 相应孔内，根据被测管类型选择“PNP”或“NPN”挡位，转换开关拨至“h_{FE}”，显示值即为 h_{FE} 值。

图 3—2—15　测量三极管的 h_{FE}

知识链接

数字式万用表的使用注意事项

（1）使用数字式万用表之前，应仔细阅读使用说明书，熟悉面板结构及各旋钮、插孔的作用，以免使用中发生差错。

（2）测量前，应校对量程开关位置及两表笔所插的插孔，无误后再进行测量。

（3）测量前若无法估计被测量大小，应先用最高量程挡测量，再视测量结果选择合适的量程挡。

（4）严禁在测量高压或大电流时拨动量程开关，以防止产生电弧，烧毁开关触点。

（5）由于数字式万用表的频率特性较差，故只能测量 45～500 Hz 范围内的正弦波电量的有效值。

（6）严禁在被测电路带电的情况下测量电阻，以免损坏仪表。

（7）若将电源开关拨至“ON”位置，液晶显示器无显示，应检查电池是否失效，或熔断器是否烧断。若显示欠压信号“←”，则需更换新电池。

（8）为延长电池使用寿命，每次使用完毕应将电源开关拨至“OFF”位置。长期不用的仪表，应取出电池，防止因电池内电解液漏出而腐蚀表内元器件。

实训 3

数字式万用表的使用

一、实训目的

1. 熟悉数字式万用表的结构及工作原理。
2. 掌握用数字式万用表测量交流电压、直流电压、直流电流及电阻的方法。

二、实训设备与工具

数字式万用表 1 块，单相调压器 1 台，电源变压器 1 台，整流滤波元件若干，不同阻值的电阻若干。

三、实训内容与步骤

（1）用数字式万用表的交流电压挡和直流电压挡分别测量交流电压和直流电压。

1）选择适当负载，按本模块实训 1 的图 3—1—14 进行电路连接。

2）调整调压器，使之输出适当大小的电压。将数字式万用表转换开关置于交流电压挡适当量程，分别测量图中的 a ~ a′和 b ~ b′之间的电压值，并将测得的电压值填入表 3—2—1 中。

3）将数字式万用表转换开关调至直流电压挡适当量程，分别测量图中 c ~ c′和 d ~ d′之间的电压值，并将测得的电压值填入表 3—2—1 中。

表 3—2—1　　　　测量结果记录

万用表挡位	a ~ a′	b ~ b′	c ~ c′	d ~ d′	备注
直流电压挡					
交流电压挡					

（2）用数字式万用表直流电流挡测量直流电流。

将数字式万用表转换开关置于直流电流挡适当量程，并将两表笔与负载串联（注意正负极性），测得负载电流大小为________。

（3）用数字式万用表欧姆挡测量电阻。

将数字式万用表转换开关置于欧姆挡适当量程，测量被测电阻数值：

R_1 =________；R_2 =________；R_3 =________。

数字式万用表的“+”表笔（红表笔）与表内部电池的正极相连接，“-”表笔（黑表笔）与表内部电池的负极相连接。

模块四　电阻的测量

电阻的测量在电子测量中占有十分重要的地位，如判断电路的通断，精确测量被测电阻的大小，测量绝缘电阻的数值是否满足要求等。为了选用合适的测量电阻的方法，以达到减小测量误差的目的，通常将电阻按阻值的大小分为三类：1 Ω 以下为小电阻，1 Ω ~ 100 kΩ 为中电阻，100 kΩ 以上为大电阻。实际生产中，除了可以用万用表的欧姆挡测量电阻之外，还可根据测量要求采用不同的仪器仪表进行测量。

§4—1　电阻的测量方案和方法

1. 熟悉常用的电阻测量方法。
2. 了解伏安法测量电阻的方法和适用范围。

测量电阻的方法较多，分类的方法也较多，常用的电阻测量分类方法如下：

一、按获取测量结果的方式分类（表 4—1—1）

表 4—1—1　　按获取测量结果的方式分类

测量方法	定义及使用场合	优点	缺点
直接法	采用直读式仪表测量电阻的方法。如用万用表、兆欧表测量电阻等	方便、快捷	准确度较低
比较法	采用比较仪表测量电阻的方法。如用直流电桥测量电阻	准确度高	测量时操作麻烦
间接法	先测量与电阻有关的量，然后利用公式计算出被测电阻的方法。如伏安法测量电阻（即用电压表和电流表分别测得电阻两端的电压和通过电阻的电流，再根据欧姆定律计算出被测电阻）	在一些特殊的场合使用很方便	测量准确度和其他方法相比较低

二、按所使用的仪表分类（表 4—1—2）

表 4—1—2　　按所使用的仪表分类

测量方法	适用范围	优点	缺点
万用表法	中电阻	直接读数，使用方便	测量误差较大
伏安法	中电阻	能测量工作状态下电气元器件的电阻值，尤其适用于对非线性元件（如二极管）电阻的测量	测量误差较大，且测量结果需计算才能得到
兆欧表法	大电阻	能直接读数，使用方便	测量误差较大
接地摇表法	接地电阻	测量接地电阻时准确度较高	操作较麻烦
单臂电桥法	中电阻	准确度高	操作较麻烦
双臂电桥法	小电阻	准确度高	操作较麻烦

伏安法测量电阻

把被测电阻接上直流电源，然后用电压表和电流表分别测得电阻两端的电压 U_X 和通过电阻的电流 I_X，再根据欧姆定律计算出被测电阻的方法，称为伏安法。被测电阻为

$$R_X = \frac{U_X}{I_X}$$

显然，伏安法是一种间接测量的方法。

伏安法的测量电路有两种接法，如图 4—1—1 所示。其中图 4—1—1a 为电压表前接电路，图 4—1—1b 为电压表后接电路。

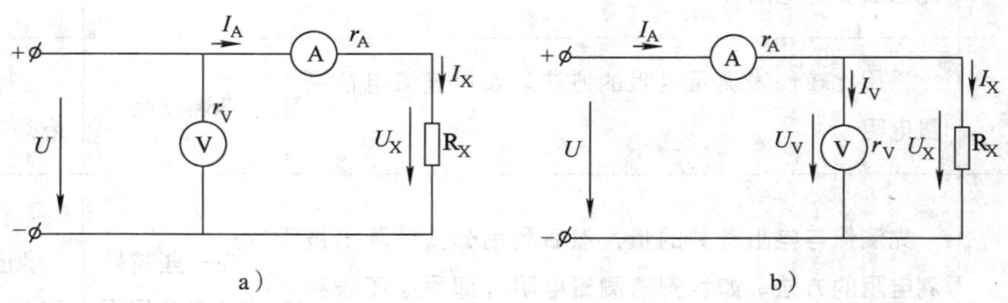

图 4—1—1　伏安法测电阻
a）电压表前接电路　b）电压表后接电路
R_X—被测电阻　r_V—电压表内阻　r_A—电流表内阻

一、电压表前接电路

在图4—1—1a中，由于电压表接在电流表之前，电压表所测量的电压不仅包括被测电阻两端的电压，而且还包括电流表内阻上的电压。另外，由于电流表与被测电阻串联，故有 $I_A = I_X$。

因此，按照伏安法计算出来的电阻为

$$R'_X = \frac{U_V}{I_A} = \frac{U_X + I_X r_A}{I_X} = R_X + r_A$$

由上式可以看出，测量结果中包括了电流表的内阻 r_A，于是产生了方法上的误差，其结果导致测量值比实际值大，且误差为正值。显然，只有在 $R_X >> r_A$ 的条件下，才有 $R'_X \approx R_X$，所以电压表前接电路适用于被测电阻很大（远大于电流表内阻）的情况。

二、电压表后接电路

图4—1—1b中，由于电压表接在电流表之后，通过电流表的电流不仅包括通过被测电阻的电流 I_X，而且还包括了通过电压表的电流 I_V。另外，由于电压表与被测电阻直接并联，故有 $U_V = U_X$。因此，按照伏安法计算出来的电阻应为

$$R'_X = \frac{U_V}{I_A} = \frac{U_X}{I_X + I_V} = \frac{1}{\frac{I_X + I_V}{U_X}} = \frac{1}{\frac{I_X}{U_X} + \frac{I_V}{U_V}} = \frac{1}{\frac{1}{R_X} + \frac{1}{r_V}}$$

可见，测量的电阻值是被测电阻 R_X 和电压表内阻 r_V 并联的阻值，因而也会产生误差，结果导致测量值比实际值 R_X 小，且误差为负值。只有在 $R_X << r_V$ 的条件下，才有 $R'_X \approx R_X$，所以电压表后接电路适用于被测电阻很小（远小于电压表内阻）的情况。

用伏安法测量电阻，不但需要计算，而且测量误差较大，但它能在通电的工作状态下测量电阻，这在有些场合是很有实际意义的。如测量非线性元件（二极管、三极管等）的电阻时就十分方便。另外，二极管和三极管的特性曲线也可以通过伏安法绘制出来。

§4—2 直流电桥

学习目标

1. 熟悉直流单臂电桥的结构及原理。
2. 熟悉电桥平衡的条件和特点。
3. 初步掌握用直流单臂电桥测量电阻的步骤。

电桥的种类很多，按照所测量的对象主要分为直流电桥和交流电桥两大类。直流电桥又分为单臂电桥和双臂电桥；交流电桥又分为电容电桥和电感电桥。其中电容电桥可用于

测量电容，电感电桥可用于测量电感。另外，还有能测量电阻、电容、电感的万能电桥。实际生产中，应用最广的是直流单臂电桥。

一、直流单臂电桥

直流单臂电桥是一种常用的比较式电工仪表。和万用表相比，直流单臂电桥也适用于测量 1 Ω ~ 100 kΩ 的中值电阻，但其测量精度比万用表要高得多，甚至可到小数点后三位的数值，这是万用表所无法实现的。直流单臂电桥的内部采用准确度很高的标准电阻器作为标准量，然后用比较的方法去测量电阻。

1．直流单臂电桥的结构及工作原理

直流单臂电桥又称惠斯登电桥，是一种专门用来精确测量中值电阻的电工测量仪器。如图 4—2—1 所示是它的电路图，R_X、R2、R3、R4 组成电桥的四个臂，其中，R_X 叫作被测臂，R2、R3 合在一起叫作比例臂，R4 叫作比较臂。实际中，电阻 R2、R3、R4 都做成可调的，便于测量时调整和读数。

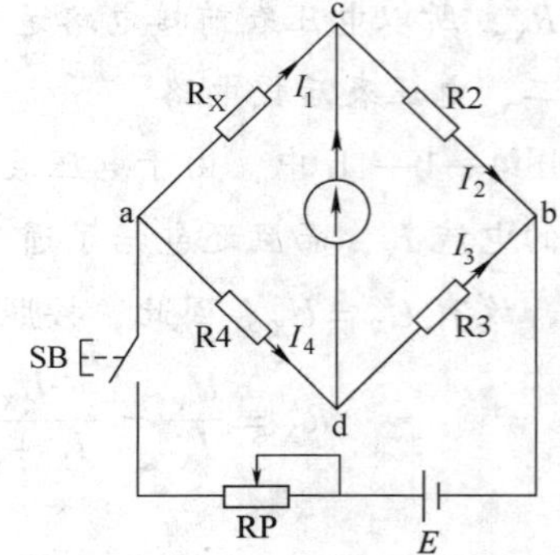

图 4—2—1　直流单臂电桥电路图

当接通开关 SB 后，调节标准电阻 R2、R3、R4，使 c 点电位等于 d 点电位时，检流计指针指零。此时，桥上电流等于零，可视为开路，这种状态叫作电桥的平衡，有

$$I_1R_X = I_4R_4$$

$$I_2R_2 = I_3R_3$$

由于电桥平衡时，桥上电流为零，故有 $I_1 = I_2$，$I_3 = I_4$，代入以上两式，并将两式相除，可得

$$\frac{R_X}{R_2} = \frac{R_4}{R_3}$$

即

$$R_X = \frac{R_2}{R_3}R_4$$

上式说明，电桥平衡时，被测电阻 = 比例臂倍率 × 比较臂读数。

2．QJ23 型直流单臂电桥简介

QJ23 型直流单臂电桥是采用惠斯登电桥线路设计的便携式直流电桥，其外形如图 4—2—2 所示。仪器内置指零仪和可内附工作电源，适宜在实验室、车间、学校及无交流电源的场合使用。

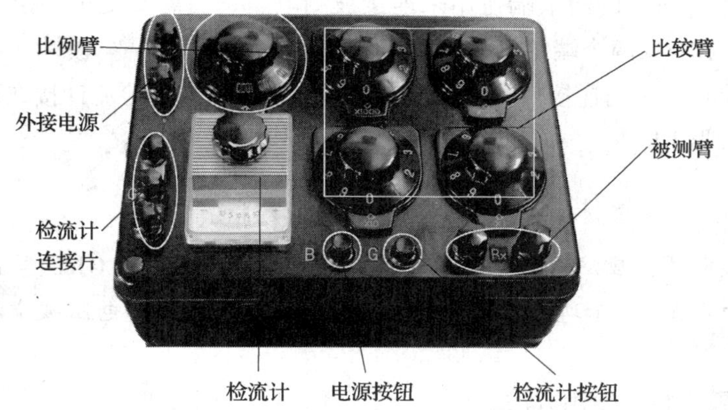

图 4—2—2　QJ23 型直流单臂电桥外形图

QJ23 型直流单臂电桥的内部电路如图 4—2—3 所示。与单臂电桥的原理图相比，它的比例臂 R2 和 R3 由 8 个标准电阻组成，分为 0.001，0.01，0.1，1，10，100，1 000 共 7 挡，由一个转换开关进行换接。转换开关可动触点以上的所有电阻都称为 R2，转换开关可动触点以下的所有电阻都称为 R3，比例臂的读数盘设在面板左上方。比较臂 R4 由 4 个可调标准电阻（9 ×1 Ω，9 ×10 Ω，9 ×100 Ω，9 ×1 000 Ω）组成，它们分别由面板上的 4 个读数盘控制，可得到 0 ~9 999 Ω 范围内的任意电阻值，最小步进值为 1 Ω。在检流计支路上还串联有检流计按钮 SB1，在电源支路上串联有电源按钮 SB2 及 10Ω 的限流电阻，以防止电流过大。QJ23 型直流单臂电桥使用的电源电压为直流 4.5 V。

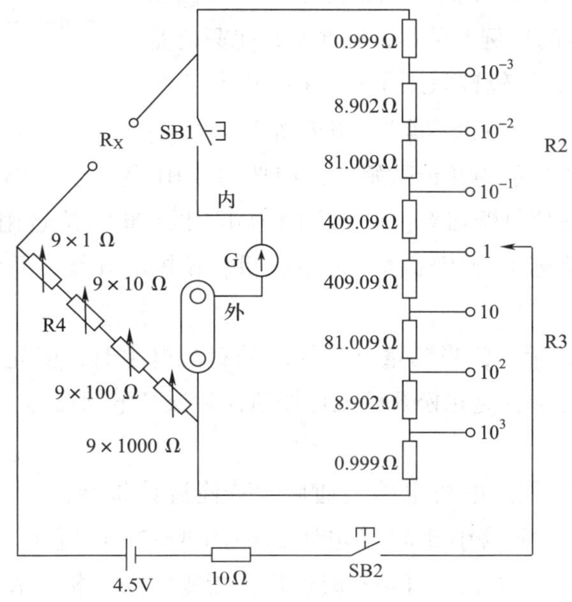

图 4—2—3　QJ23 型直流单臂电桥内部电路图

仪表面板上标有“Rx”的两个端钮用来连接被测电阻。当需要使用外接电源时，可从面板左上角标有“B”的两个端钮接入，使用时应注意“+”“-”极性，不得接反。如需使用外附检流计时，应用连接片将内附检流计短路，再将外附检流计接在面板左下方标有“外接”的两个端钮上。

小提示

若使用外接电源，应注意电池电压应按照规定选择和使用。QJ23 型直流单臂电桥使用的电池电压为 4.5 V，如所用电压太高，可能造成电桥的桥臂电阻被烧坏，太低时电桥灵敏度将降低。

3. 直流单臂电桥的使用方法

（1）使用前先将检流计的锁扣打开，调节调零器使指针指在零位，如图 4—2—4 所示。

（2）用万用表欧姆挡估计被测电阻的大致数值。

（3）根据被测电阻估计值选择适当的比例臂，使比较臂的四挡电阻都能被充分利用，从而提高测量准确度。例如，用万用表测量的被测电阻估计值约为 5 Ω 时，应选用 0.001 的比例臂倍率。由于被测电阻 = 比例臂倍率 × 比较臂读数，此时比较臂的四挡电阻将全部用上，若为 5 231，则被测电阻 = 0.001 × 5 231 = 5.231 Ω，可见用直流单臂电桥测量的准确度比用万用表欧姆挡测量的准确度要高得多。但是若此时选用 1 的比例臂倍率，则测量结果只能是被测电阻 = 1 × 5 = 5 Ω，比较臂只用了一个挡，其他三挡比较臂电阻都不能使用，所以也不能得到准确结果。

图 4—2—4　调节调零器使检流计指针指零

同理，被测电阻估计值为几十欧姆时，应选用 0.01 的比例臂倍率；被测电阻为几百欧姆时，应选用 0.1 的比例臂倍率；被测电阻为几千欧姆时，应选用 1 的比例臂倍率。

（4）测量中在接入被测电阻时，应采用较粗、较短的导线，并将接头拧紧，以减小接线电阻和接触电阻。

（5）如图 4—2—5 所示，当测量电感线圈的直流电阻时，应先按下电源按钮，再按下检流计按钮；测量完毕，应先松开检流计按钮，后松开电源按钮，以免被测线圈产生自感电动势损坏检流计。

（6）调节比较臂电阻。电桥电路接通后，若检流计指针向“+”方向偏转，应增大比较臂电阻；反之，应减小比较臂电阻，如图 4—2—6 所示。依次调节比较臂的 ×1 000，×100，×10，×1 挡，直至检流计指针指零。根据相关表达式求出被测电阻即可。

图 4—2—5　接通电路

图 4—2—6　调节比较臂电阻

（7）电桥使用完毕，应先切断电源，然后拆除被测电阻，最后将检流计锁扣锁上。

二、直流双臂电桥

直流双臂电桥又称凯文电桥。与直流单臂电桥相比，它能够消除接线电阻和接触电阻对测量结果的影响，因此，直流双臂电桥是专门用来精密测量 1 Ω 以下小电阻的仪器。实际中可用于测量金属棒、电缆、导线等的电阻值；检查电流汇流排、金属壳体等焊接质量的好坏；对开关、电器、接触电阻的测定；对低阻标准电阻、直流分流器等的校验和调整；对各类型电机、变压器绕组的直流电阻测量和温升试验等。

知识链接

直流双臂电桥的构造及工作原理

直流双臂电桥的电路图如图 4—2—7 所示。与单臂电桥不同，被测电阻 R_X 与标准电阻 R4 共同组成一个桥臂，标准电阻 R_n 和 R3 组成另一个桥臂，R_X 与 R_n 之间用一阻值为 r 的导线连接起来。为了消除接线电阻和接触电阻的影响，R_X 与 R_n 都采用两对端钮，即电流端钮 C1、C2、C_{n1}、C_{n2}，电位端钮 P1、P2、P_{n1}、P_{n2}。桥臂电阻 R1、R2、R3、R4 都采用阻值大于 10 Ω 的标准电阻。R 是限流电阻，可防止仪表中电流过大。

使用时首先调节各桥臂电阻，使检流计指零，即 $I_P = 0$，此时 $I_1 = I_2$，$I_3 = I_4$。根据基尔霍夫第二定律可写出三个回路的电压方程：

对 Ⅰ 回路　　$I_1R_1 = I_nR_n + I_3R_3$

对 Ⅱ 回路　　$I_1R_2 = I_nR_X + I_3R_4$

对 Ⅲ 回路　　$(I_n - I_3)r = I_3(R_3 + R_4)$

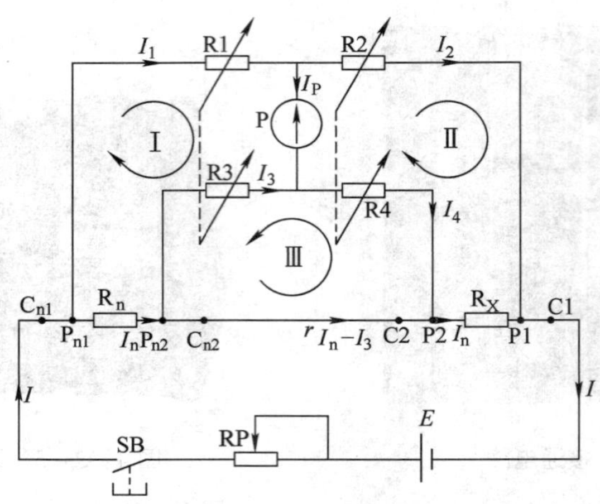

图 4—2—7　直流双臂电桥电路图

解方程组得

$$R_X = \frac{R_2}{R_1}R_n + \frac{rR_2}{r + R_3 + R_4}\left(\frac{R_3}{R_1} - \frac{R_4}{R_2}\right)$$

由上式可以看出，用双臂电桥测量电阻时，R_X由两项决定。其中第一项与单臂电桥基本相同，第二项称为“校正项”。为了使双臂电桥平衡时，求解R_X的公式与单臂电桥相同，即 $R_X = \frac{R_2}{R_1}R_n$，就必须使校正项等于零。因此，要求$R_3/R_1 = R_4/R_2$，同时使$r \to 0$。

此时，只要电桥平衡，则被测电阻R_X = 比例臂倍率 × 比较臂读数。

QJ44 型直流双臂电桥的原理电路及面板如图 4—2—8 所示。该电桥的测量范围为 10 μΩ ~ 11 Ω。为提高检流计的灵敏度，该电桥采用内附放大器的晶体管检流计。晶体管检流计包括 1 个调制型放大器，1 个电气调零电位器，1 个调节灵敏度电位器以及 1 个中心零位的指示表头，指示表头上还备有机械调零装置。在测量前，应先进行机械调零，当放大器接通电源后，若表针不在零位，可用电气调零电位器调整表针至中心零位。QJ44 型双臂电桥的比例臂由 4 个桥臂电阻做成固定倍率形式，通过机械联动转换开关的转换，可得到 ×100、×10、×1、×0.1 和 ×0.01 共 5 个固定倍率，并保持$R_3/R_1 = R_4/R_2$。标准电阻 R_n由步进电阻和滑线电阻两部分组成，用面板上的步进读数盘和滑线读数盘进行调节，它们统称读数盘。测量时，调节倍率旋钮和 R_n的调节旋钮使电桥平衡，检流计指零。此时，被测电阻 = 倍率数 × 读数盘读数。

仪器上共设有 6 只接线柱，其中 4 只大接线柱用于接被测电阻，两只小接线柱用于外接工作电源。“G 外”插座用于外接高灵敏度指零仪，当外接指零仪插入插座时，内附指零仪立即自行断开。在指零仪和电源回路中均设有可锁住的按钮开关。

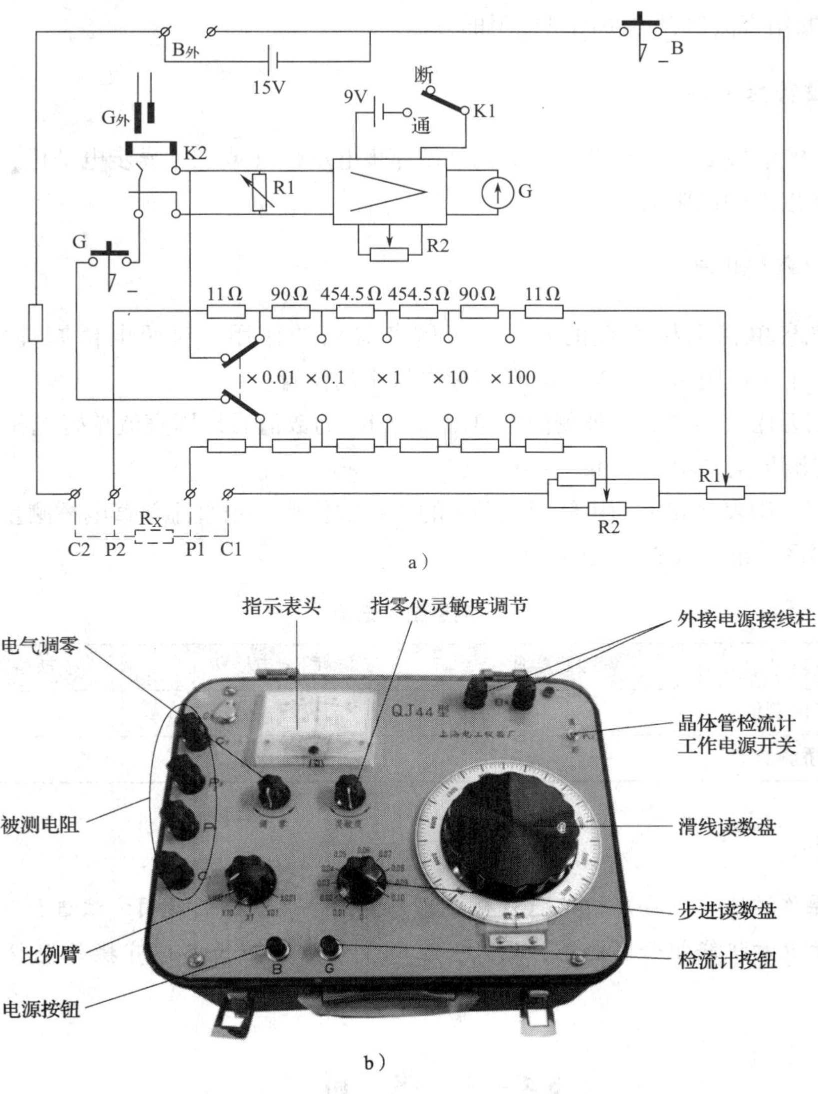

图 4—2—8　QJ44 型直流双臂电桥

a）原理电路图　b）面板图

实训 1

用直流单臂电桥测量电动机绕组线圈的直流电阻

一、实训目的

1．熟悉直流单臂电桥的结构、用途和使用方法。

2．掌握用直流单臂电桥测量电阻的方法。

二、实训设备与工具

直流单臂电桥 1 台，万用表 1 块，单相异步电动机（或三相异步电动机）1 台，被测电阻为 1 Ω 以上的电阻若干。

三、实训内容与步骤

（1）观察单臂电桥面板的布置，了解各旋钮的作用。对照电桥原理电路图（图 4—2—1），了解电阻 R2、R3、R4 在实际电桥中的位置。

（2）用万用表估测两个被测固定电阻 R_a、R_b 的数值后，用直流单臂电桥测量各电阻的值，并将测量结果填入表 4—2—1 中。

（3）用万用表估测电动机绕组电阻 r 的大约数值后，用直流单臂电桥测量其直流电阻值，并将测量结果填入表 4—2—1 中。

表 4—2—1　测量结果记录

测量对象	固定电阻 R_a	固定电阻 R_b	电动机绕组电阻 r
万用表估测值			
单臂电桥测量值			

1．在操作过程中，要严格按照教材中有关直流单臂电桥的使用方法进行测量。

2．由于电动机绕组含有电感，因此，在测量过程中应严格遵守操作规程，避免检流计损坏。

§4—3　兆　欧　表

1．熟悉兆欧表的结构及原理。

2．掌握兆欧表的选择和使用方法。

实际生产中，电气设备绝缘性能的好坏，直接关系到电气设备能否正常运行和操作人员的人身安全。如在维修和监测电气设备（如电机、电缆、家用电器等）运行时，存在着用电安全问题。由于绝缘材料在受热和受潮时会发生老化，以及电气设备的污染等原因，都会使其绝缘电阻降低，从而造成电气设备漏电或短路事故的发生。而电气设备的绝缘性能通常是通过测量其绝缘电阻的大小来判断的。

绝缘电阻是指用绝缘材料隔开的两部分导体之间的电阻。为了保证人身安全和电气设备运行的安全，对不同相导体之间或导体与设备外壳之间的绝缘电阻都有一个最低的要求。例如，室内低压电气线路中对绝缘电阻的要求是：相线对大地或对中性线的绝缘电阻不应小于 0.22 MΩ，相线与相线之间的绝缘电阻不应小于 0.38 MΩ；对家用电器则规定：基本绝缘电阻为 2 MΩ，加强绝缘电阻为 7 MΩ；对低压电机规定其绝缘电阻不应小于 0.5 MΩ，对高压电机规定每千伏工作电压其绝缘电阻不应小于 1 MΩ。实际中影响绝缘电阻大小的因素主要有温度、湿度、外加电压的大小和作用时间、绝缘体表面状况等。

通过测量电气设备的绝缘电阻，可以达到以下目的：

（1）了解电气设备绝缘结构的绝缘性能，判断是否存在局部绝缘介质开裂或损坏的情况。

（2）了解绝缘体有无受潮及受污染的情况。

（3）检验绝缘是否能承受耐压试验。

实际中，不能用万用表欧姆挡测量电气设备的绝缘电阻。这是因为在正常情况下，电气设备的绝缘电阻数值都非常大，通常在几兆欧到几百兆欧，远远大于万用表欧姆挡的有效量程，在此范围内，欧姆表刻度的非线性会造成很大的测量误差。另外，由于欧姆表内部的电池电压太低，在低电压下的测量值不能反映在高电压条件下真正的绝缘电阻值。因此，电气设备的绝缘电阻必须用一种本身具有高压电源的仪表进行测量，这种仪表就是兆欧表。

常用的兆欧表外形如图 4—3—1 和图 4—3—2 所示。

图 4—3—1　手摇式兆欧表

图 4—3—2　电子式兆欧表

一、兆欧表的结构及工作原理

1．兆欧表的结构

兆欧表是一种专门用来检查电气设备绝缘电阻的便携式仪表，又称为绝缘电阻表或摇表。其用途非常广泛，实际生产中主要用来测量和检验电机、电气设备、输电线和电缆等器材的绝缘电阻。

一般的兆欧表主要由手摇直流发电机、磁电系比率表以及测量线路组成。手摇直流发电机的额定电压主要有 250 V、500 V、1 000 V、2 500 V 几种。发电机上装有离心调速装置，能使转子恒速转动。

兆欧表的测量机构一般都采用磁电系比率表，它的主要结构是一个永久磁铁和两个固定在同一转轴上且彼此相差一定角度的线圈，如图 4—3—3 所示。电路中的电流通过无力矩游丝分别引入两个线圈，使其中一个线圈产生转动力矩，另一个线圈产生反作用力矩。仪表气隙内的磁场专门设计成不均匀分布，这样的结构可以使仪表可动部分的偏转角与两个线圈中电流的比率有关，故又称为磁电系比率表。

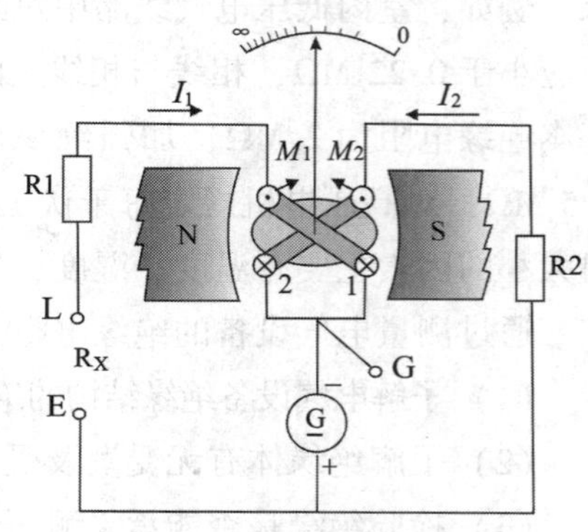

图 4—3—3　兆欧表内部结构示意图

2. 兆欧表的工作原理

使用兆欧表时，被测电阻 R_X 接在“L”与“E”两端钮之间。摇动直流发电机的手柄，发电机两端产生较高的直流电压，线圈 1 和线圈 2 同时通电。通过线圈 1 的电流 I_1 与气隙磁场相互作用产生转动力矩 M_1；通过线圈 2 的电流 I_2 也与气隙磁场相互作用产生反作用力矩 M_2，转动力矩 M_1 与反作用力矩 M_2 方向相反。由于气隙磁场是不均匀的，所以转动力矩 M_1 不仅与线圈 1 的电流 I_1 成正比，而且还与线圈 1 所处的位置（用指针偏转角 α 表示）有关，即

$$M_1 = I_1 f_1(\alpha)$$

同理可得

$$M_2 = I_2 f_2(\alpha)$$

由于转动力矩 M_1 与反作用力矩 M_2 方向相反，当 $M_1 = M_2$ 时，可动部分平衡。

此时 $I_1 f_1(\alpha) = I_2 f_2(\alpha)$，可整理为

$$\frac{I_1}{I_2} = \frac{f_2(\alpha)}{f_1(\alpha)} = f(\alpha)$$

由此可得

$$\alpha = F\left(\frac{I_1}{I_2}\right)$$

上式说明，兆欧表指针的偏转角 α 只取决于两个线圈电流的比值，而与其他因素无关。所以兆欧表能够克服手摇发电机电压不太稳定而对仪表指针偏转角产生影响的缺点。由于 I_2 的大小一般不变，而 $I_1 = \frac{U}{R_1 + R_X}$ 随被测绝缘电阻 R_X 的改变而变化，所以可动部分的偏转角 α 能直接反映被测绝缘电阻的数值。

特别地，当 $R_X=0$ 时，相当于“L”与“E”两接线端短路，只要适当选择 R1 的数值，就能使指针平衡，并指在欧姆“0”的位置。当 $R_X=\infty$ 时，相当于“L”与“E”两接线端开路，$I_1=0$，而 I_2 在气隙磁场中受力产生 M_2，根据左手定则，M_2 将使线圈 2 逆时针转动至最左端的欧姆“∞”位置。接通 R_X 后，开始时 $M_1>M_2$，指针按 M_1 方向顺时针转动。由于磁场不均匀，M_1 将逐渐减弱，M_2 逐渐增强，当 $M_1=M_2$ 时，指针就停留在某一位置上，指示出被测电阻的大小。可见，兆欧表的标度尺为反向刻度，如图 4—3—4 所示。

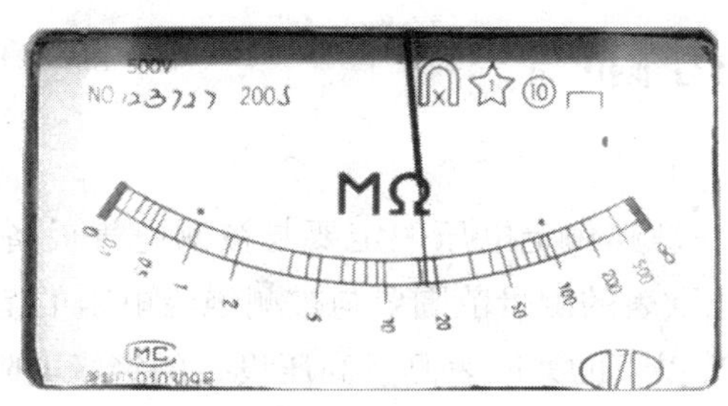

图 4—3—4　兆欧表的标度尺

二、ZC25 型兆欧表简介

ZC25 型携带式兆欧表适用于测量各种电机、电缆、变压器、电信元器件、家用电器和其他电气设备的绝缘电阻。该表内部采用手摇交流发电机，然后通过整流滤波电路将交流电转换成仪表所需要的直流电。

ZC25 型兆欧表目前主要有四种规格，可根据需要选择不同规格的兆欧表。其内部电路图和外形图如图 4—3—5 所示，其测量范围及额定输出电压见表 4—3—1。

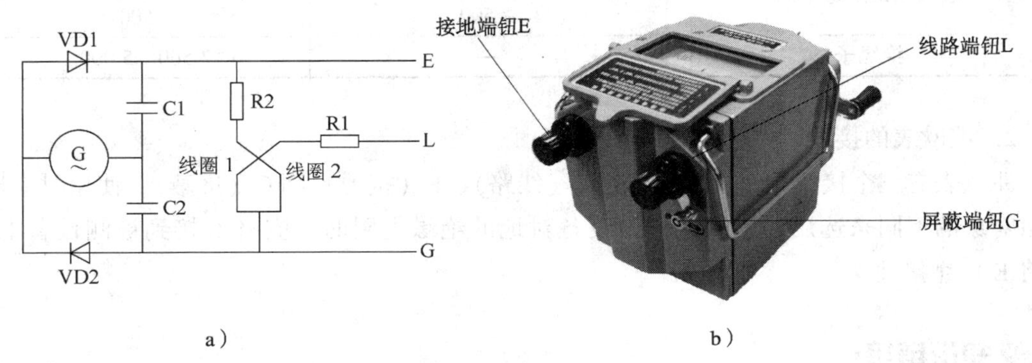

图 4—3—5　ZC25 型兆欧表
a）内部电路图　b）外形图

表 4—3—1　　ZC25 型兆欧表测量范围及额定输出电压

型号	额定输出电压		测量范围（MΩ）
	（V）	误差	
ZC25—1	100	±10%	0 ~ 100
ZC25—2	250		0 ~ 250
ZC25—3	500		0 ~ 500
ZC25—4	1 000		0 ~ 1 000

三、兆欧表的选择、使用与维护

1．选择兆欧表

选择兆欧表的原则，一是其额定电压一定要与被测电气设备或线路的工作电压相适应，见表 4—3—2；二是兆欧表的测量范围要与被测绝缘电阻的范围相符合，以免引起大的读数误差。如果用 500 V 以下的兆欧表测量高压设备的绝缘电阻，则测量结果不能正确反映其工作电压下的绝缘电阻值。同样，也不能用电压过高的兆欧表去测量低压电气设备的绝缘电阻，以免损坏其绝缘。

表 4—3—2　　不同额定电压兆欧表的使用范围

测量对象	被测设备的额定电压（V）	兆欧表的额定电压（V）
线圈绝缘电阻	<500	500
	≥500	1 000
电力变压器、电动机线圈绝缘电阻	≥500	1 000 ~ 2 500
发电机线圈绝缘电阻	≤380	1 000
电气设备绝缘电阻	<500	500 ~ 1 000
	≥500	2 500
绝缘子	—	2 500 ~ 5 000

2．兆欧表的接线

兆欧表有三个接线端钮，分别标有 L（线路）、E（接地）和 G（屏蔽），使用时应按测量对象的不同来选用。当测量电力设备对地的绝缘电阻时，应将 L 接到被测设备上，并将 E 可靠接地。

兆欧表屏蔽端钮的作用

当用兆欧表测量表面不干净或潮湿的电缆绝缘电阻时，为了能够准确测量其绝缘材料内部的绝缘电阻（即体积电阻），就必须使用 G 端钮，接法如图 4—3—6 所示。这样，绝缘材料的表面漏电流 I_S 沿绝缘体表面经 G 端钮直接流回电源负极。而反映体积电阻的 I_V 则经绝缘电阻内部、L 接线端、线圈 1 回到电源负极。可见，屏蔽的作用是屏蔽了表面漏电电流。加接屏蔽后的测量结果只反映了体积电阻的大小，因而大大提高了测量的准确度。

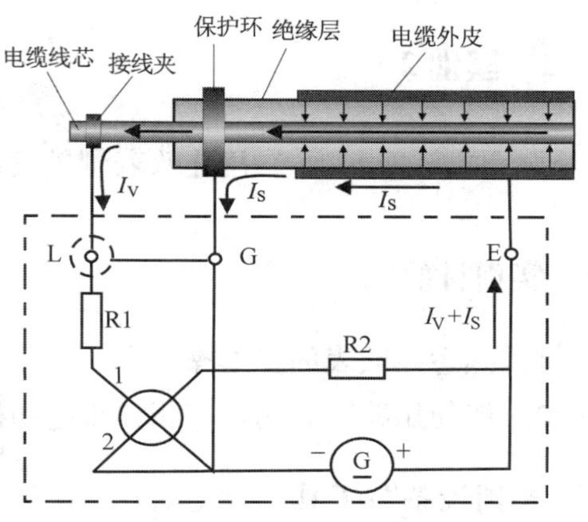

图 4—3—6　屏蔽端钮的接线

3. 检查兆欧表

使用兆欧表之前要先检查其是否完好。检查步骤是：在兆欧表未接通被测电阻之前，摇动手柄使发电机达到 120 r/min 的额定转速，观察指针是否指在标度尺的“∞”位置，如图 4—3—7a 所示。然后再将端钮 L 和 E 短接，缓慢摇动手柄，观察指针是否指在标度尺的“0”位置，如图 4—3—7b 所示。如果指针不能指在相应的位置，表明兆欧表有故障，必须检修后才能使用。使用兆欧表时的操作方法如图 4—3—7c 所示。

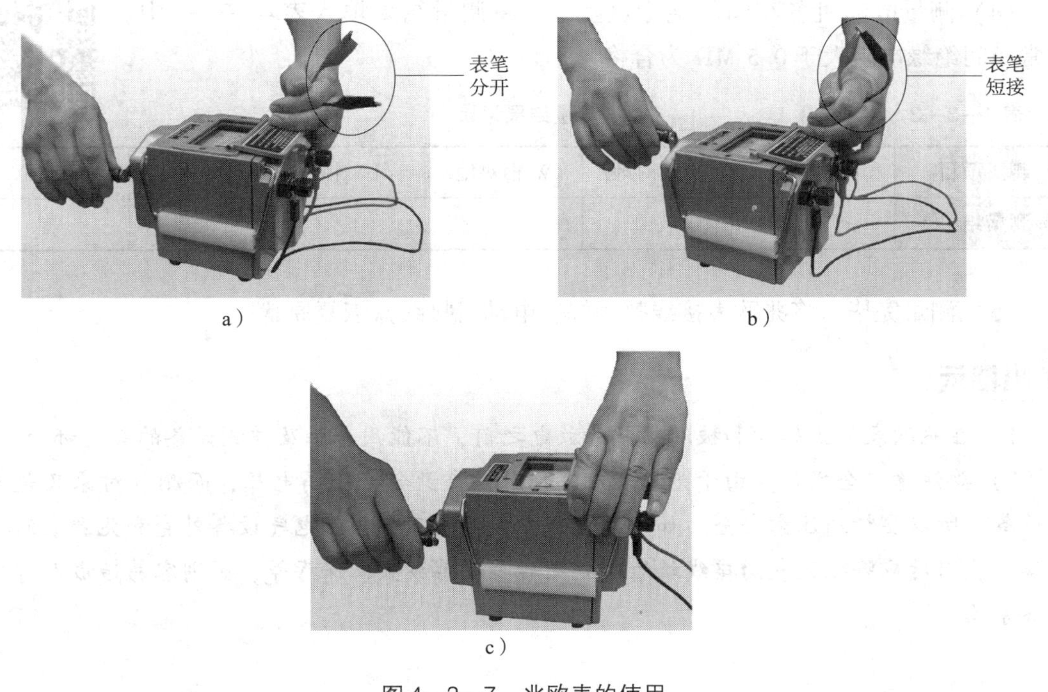

图 4—3—7　兆欧表的使用

a）兆欧表的开路试验　b）兆欧表的短路试验　c）使用兆欧表时的操作方法

实训 2

用兆欧表测量三相异步电动机的绝缘电阻

一、实训目的

1．熟悉兆欧表的基本操作。

2．能使用兆欧表测量三相异步电动机的绝缘电阻。

二、实训设备与工具

500 V 兆欧表 1 块，三相交流电动机 1 台。

三、实训内容与步骤

（1）打开三相电动机的接线盒，将三相绕组分开。

（2）正确进行兆欧表的开路试验和短路试验。

（3）测量电动机三相绕组对地绝缘电阻，并将测量结果填入表 4—3—3 中。

（4）测量电动机各相间的绝缘电阻，并将测量结果填入表 4—3—3 中。通常相间绝缘电阻大于 0.5 MΩ 为合格。

表 4—3—3　测量结果记录

测量项目	U 相对地	V 相对地	W 相对地	UV 相	VW 相	WU 相
测量结果						

（5）测量完毕，将兆欧表接线整理好，电动机接线盒恢复原状。

小提示

1）在兆欧表停止转动和被测物充分放电之前，不能用手触及被测设备的导电部分。

2）要注意安全操作。由于兆欧表在工作时，自身会产生高电压，而测量对象又是电气设备，所以要特别注意安全。如测量过程中，两手不得接触电气设备外壳和兆欧表的接线端；使用后应将兆欧表两接线端短路放电后再妥善放置、保存等，否则容易造成人身或设备事故。

模块五 时间与频率的测量

§5—1 数字式频率计

1. 了解数字式频率计的基本组成和主要技术指标。
2. 熟悉数字式频率计的测量原理。
3. 掌握数字式频率计的使用方法。

数字式频率计是一种用电子学方法测出一定时间间隔内输入的脉冲数目，并以数字形式显示测量结果的测量仪表。数字式频率计的核心是电子计数器，其作用是在一定的时间间隔内进行累加计数，以完成各种测量。实际上，它还可以进行计数测量周期、平均周期、频率比、时间间隔、计时等其他操作。

一、数字式频率计的组成

数字式频率计一般由频率/电压（*f/U*）转换器和数字式电压基本表配合组成。*f/U* 转换器的作用是将被测频率信号转换成直流电压，然后送入数字式电压基本表进行测量，其工作程序如图 5—1—1 所示。*f/U* 转换器主要由 6 部分组成，各部分的名称及功能见表 5—1—1。

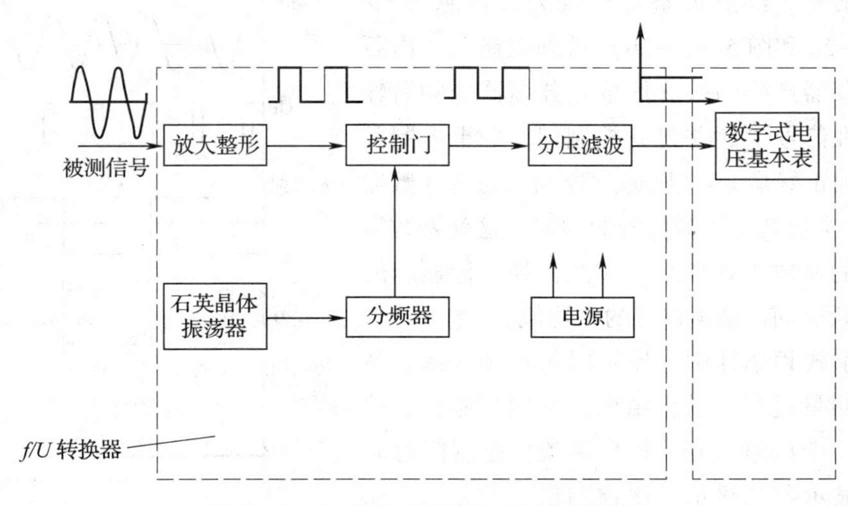

图 5—1—1 数字式频率计的工作方框图

表 5—1—1　　f/U 转换器的组成及各组成部分的功能

组成部分	功能
放大整形电路	能把各种不同波形和幅值的被测信号转换成幅值相等、与被测信号频率相同的计数脉冲
石英晶体振荡器	可输出标准频率的振荡信号，如产生非常稳定的 32 768 Hz 的振荡信号
分频器	将石英晶体振荡器产生的高频信号经分频器分频后，获得周期为 1 s 的时间基准信号，送入控制门电路
控制门	受分频器送来的时间基准信号的控制打开或关闭。控制门打开时，被测计数脉冲经控制门送入分压滤波电路；控制门关闭时，被测计数脉冲无法通过控制门
分压滤波电路	将由控制门电路送来的被测脉冲经分压、滤波后，获得平均值电压。由于控制门电路打开时间是固定的（1 s），因此，被测频率越高，单位时间内通过控制门的脉冲数越多，获得的平均值电压越高。显然，在 f/U 转换器中，平均值电压 U 与 f 成正比关系
电源	其任务是向各部分提供电能，保证频率计能够正常工作

从 f/U 转换器输出的与被测频率成正比的直流电压，直接送到数字式电压基本表，即可测量出被测信号的频率。

二、数字式频率计的工作原理

被测信号 f_x 经放大整形后成为计数脉冲 CP（图 5—1—2a 和图 5—1—2b）送到控制门。由石英晶体振荡器产生的振荡信号经分频器分频后输出时间基准信号 T_a，并打开控制门。如果控制门打开的时间正好是 1 s，则通过控制门送入计数器的 CP 脉冲个数就是被测信号的频率。这就是数字式频率计的基本工作原理。显然，频率计显示的是在 T_a 这段时间内被测信号的平均值。

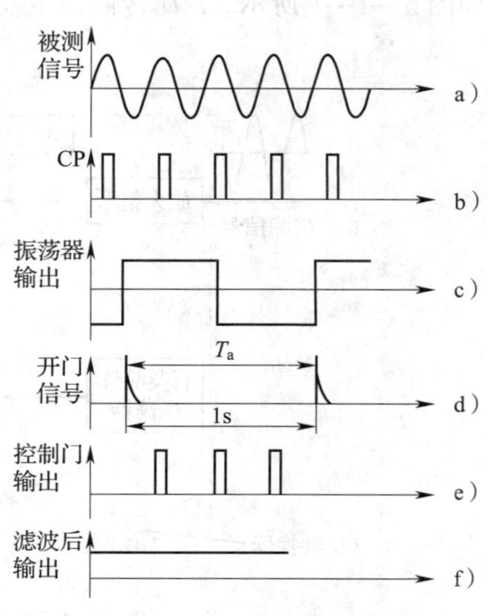

图 5—1—2　数字式频率计工作波形图

在数字式频率计中，控制门每打开一次，就完成一个测量过程，过程结束自动回到零位，接着重复下一个测量过程。换句话说，控制门每开闭一次，显示器就显示一次被测信号的频率，而且控制门开闭的时间间隔可以调节。于是，数字式频率计就会以不同的速度重复闪动，显示出被测信号的频率。

三、数字式频率计的使用

1. HC－F1000 L 数字式频率计电源要求及面板特性

（1）电源要求

1）AC220 V ±10%，50 Hz，最大消耗功率 10 W。

2）测量前预热 20 min，以保证石英晶体振荡器的频率稳定。

（2）前面板特性

前面板如图 5—1—3 所示。

图 5—1—3　前面板

1）电源开关（POWER）。仪器 220 V 电源开关。

2）复位按钮（RESET）。整机复位。当仪器工作不正常时，可按复位按钮。

3）功能键 FA。A 通道测频功能。用于 1 Hz ~ 100 MHz 信号频率的测量。

4）功能键 FB。B 通道测频功能。用于 100 MHz ~ 1 GHz 信号频率的测量。

5）功能键 PA。A 通道测周功能。用于 1 Hz ~ 100 MHz 信号周期的测量。

6）闸门时间 0. 001 s（GT 0. 001 s）。测量时闸门开启时间为 0. 001 s，测量结果为六位。

7）闸门时间 0. 01 s（GT 0. 01 s）。测量时闸门开启时间为 0. 01 s，测量结果为七位。

8）闸门时间 0. 1 s（GT 0. 1 s）。测量时闸门开启时间为 0. 1 s，测量结果为八位。

9）低通滤波（LPF OUT/IN）。A 通道低通滤波器，截止频率约 100 kHz。

10）衰减（ATT ×1/ ×20）。A 通道衰减，截止频率约 100 kHz。

11）闸门指示灯。指示灯亮表示闸门开启。

12）溢出指示灯。指示灯亮表示测量结果溢出，超过正常测量范围。

13）显示屏。8 位 LED 数码管显示测量结果。

14）Hz。频率测量结果的单位为 Hz。

15）kHz。频率测量结果的单位为 kHz。

16）MHz。频率测量结果的单位为 MHz。

17）μs。周期测量结果的单位为 μs。

18）A 通道输入端。通道阻抗为 1 MΩ，35 pF。输入频率低于 100 MHz 的信号。

19）B 通道输入端。通道阻抗为 50 Ω。输入频率为 100 MHz ~ 1 GHz 的信号。

（3）后面板特性

后面板如图 5—1—4 所示。

图 5—1—4　后面板

1）标频输出端。输出内标频信号，f_0 = 13 MHz，TTL 电平。

2）电源输入端。AC220 V ± 10%，50 Hz。

2. HC－F1000 L 数字式频率计的使用

（1）测试前的准备

1）把仪器电源插头和供电插座进行连接。

小提示

确认市电电压为 220 V ± 10%，方可将电源插头插入本机后面板的电源插座内。

2）打开电源开关，测试前预热 20 min，使石英晶体振荡器的频率保持稳定。

（2）频率测量

1）估计被测信号的幅度。若信号幅度大于 10 V，将衰减器拨至“×20”挡，以防烧坏通道电路，如图 5—1—5 所示。

2）将输入信号接至 A 通道输入端，如图 5—1—6 所示。

图 5—1—5　将衰减器拨至“×20”挡

图 5—1—6　将输入信号接至 A 通道输入端

3）设定功能开关在 FA 的位置，如图 5—1—7 所示。

小提示

当被测信号频率范围为 100 MHz ~ 1 GHz 时用 B 通道输入端，设定功能开关在 FB 的位置。

4）接入信号源，如图 5—1—8 所示。

图 5—1—7　设定功能开关在 FA 的位置

图 5—1—8　接入信号源

5）显示器显示频率值。在每次测量过程中闸门灯亮，而测量间隔的末尾更新显示结果，如图 5—1—9 所示。

图 5—1—9　显示器显示频率值

小提示

可通过选择不同的闸门时间以得到所需的分辨率。若测量频率较低（低于 100 kHz）且信号高频噪声较大，可使用低通滤波 LPF（低通滤波器）。

（3）周期测量

1）估计被测信号的幅度。若信号幅度大于 10 V，将衰减器拨至“×20”挡，以防烧坏通道电路。

2）将输入信号接至 A 通道输入端。

3）设定功能开关在 PA 位置，如图 5—1—10 所示。

图 5—1—10　设定功能开关在 PA 位置

4）显示器显示周期值。在每次测量过程中闸门灯亮，而测量间隔的末尾更新显示结果，如图 5—1—11 所示。

图 5—1—11　显示器显示周期值

小提示

若显示 Err，表示测量出错，可按复位按钮，若仍然出错，则需要修理。若所加的输入信号电压大于其规定值，将会损坏频率计。因此，在接入输入信号前，必须确保其不大于仪器所能承受的最大值。

§5—2　扫　频　仪

学习目标

1. 了解扫频仪的基本组成和主要技术指标。
2. 熟悉扫频仪的测量原理。
3. 掌握扫频仪的使用方法。

在电子测量中，经常遇到对网络的阻抗特性和传输特性进行测量的问题，其中传输特性包括增益和衰减特性、幅频特性、相频特性等。用来测量前述特性的仪器称为频率特性测试仪，简称扫频仪。扫频仪的应用为被测网络的调整、校准及故障的排除提供了极大的方便。

一、BT3 型频率特性测试仪的原理

BT3 型频率特性测试仪的原理框图如图 5—2—1 所示。仪器主要由扫频部分、频标部分和显示部分组成。

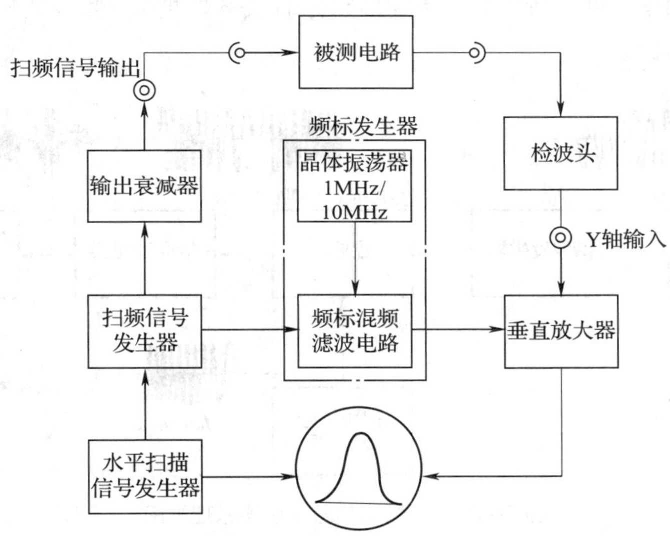

图 5—2—1　BT3 型频率特性测试仪的原理框图

1．扫频部分

测试仪的工作频带为 0 ~ 300 MHz，共分三个波段：第一波段 0 ~ 75 MHz，第二波段 75 ~ 150 MHz，第三波段 150 ~ 300 MHz。扫频信号发生器由两组振荡器组成，第一组振荡器为第一波段所专用，它包括两个振荡器，一个振荡器产生 290 MHz 的固定频率，另一个振荡器产生 215 ~ 290 MHz 的扫频信号，二者混频后便可得到 0 ~ 75 MHz 的扫频信号。第二组只有一个振荡器，它能直接输出 75 ~ 150 MHz 的扫频信号，经倍频后又可得到 150 ~ 300 MHz 的扫频信号，用于第三波段。仪器面板上设有波段开关和中心频率度盘。为了控制扫频信号输出幅度，还设有衰减电路。

2．频标部分

用频率特性测试仪调试被测电路时，除了必须显示被测电路频率特性曲线外，还必须准确指出特性曲线上任何一点所对应的频率值，这项工作是由频标发生器所产生的频标信号来完成的，如图 5—2—2 所示。晶体振荡器产生 f_L 为 1 MHz 或 10 MHz 的频标

信号，通过谐波发生器（相当于频率倍增器），得到 Nf_L（N 为正整数）的频标信号，然后将其与扫频信号（设其频率变化范围为 $f_{min}\sim f_{max}$）一起加到混频器进行混频，产生频率为（$f_{min}\sim f_{max}$）$-Nf_L$ 的输出信号。当 N 为某一数值时，刚好使 Nf_L 处于扫频信号的频率变化范围内，则该输出信号是一个以零频率为中心的调频信号。再经滤波和放大，便可获得一个接近菱形的频标信号。例如，一个 35 MHz（即 $Nf_L=35\times1$ MHz）的频标信号与 $f_{min}\sim f_{max}=34.8\sim35.2$ MHz 的扫频信号混频，通过带通滤波器和垂直放大器加到示波管的垂直偏转板上，如果在垂直偏转板上同时作用着反映被测电路幅频特性的检波电压，那么菱形的频标波形就显示在幅频特性曲线 35 MHz 那一点上，如图 5—2—3 所示。因为菱形频标具有一定的频率宽度，所以只有当菱形频标的频率宽度和扫频范围相比很窄时，才能形成一个很细的频标。

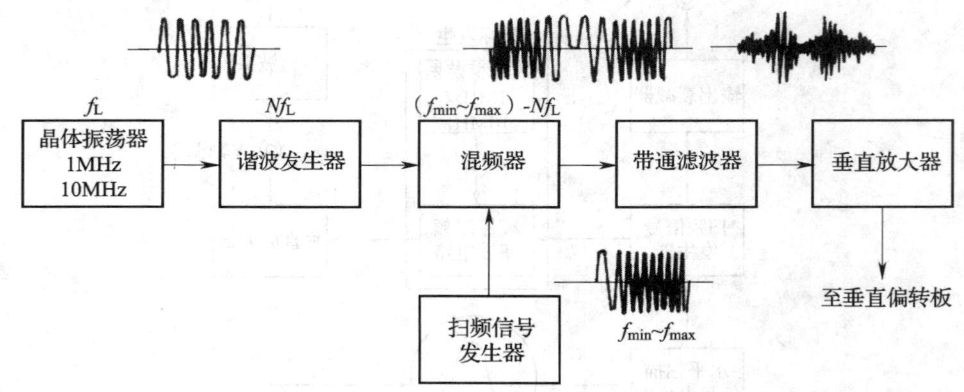

图 5—2—2　频标信号发生器原理框图

通常 1 MHz 的频标间隔较窄，幅度较小；10 MHz 的频标间隔较宽，幅度较大。在测试中，如仪器内部 1 MHz 和 10 MHz 频标不能满足要求时，可用外接频标端子接入所需要的标准信号，此时在屏幕上显示的便是外接的幅频信号。

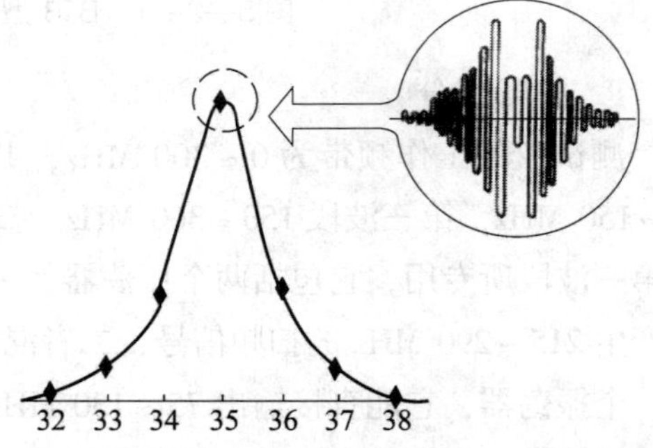

图 5—2—3　带有频标的幅频特性曲线

3. 显示部分

包括水平扫描信号发生器、垂直放大器和示波管等。其中，水平扫描信号发生器实际上是用电源变压器的二次绕组来代替的，扫描信号即为 50 Hz 交流电压，将其送到示波管水平偏转板进行扫描，同时送到扫频振荡器进行调制，保证扫描信号与扫频信号同步。

二、BT3型频率特性测试仪面板说明

BT3 型频率特性测试仪的面板如图 5—2—4 所示。

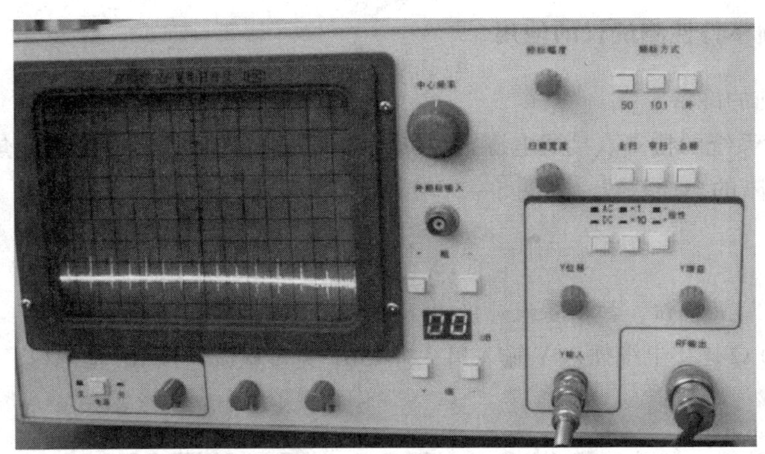

图 5—2—4　BT3 型频率特性测试仪面板

1. 显示部分

（1）电源、辉度。兼电源开关和辉度调节的作用。

（2）聚焦。调节扫描线清晰度。

（3）标尺亮度。调节屏幕标尺亮度。

（4）影像极性。改变波形显示极性，有“+”“-”和“鉴频”选择。

（5）Y 轴位置。调节曲线在垂直方向移动。

（6）Y 轴衰减。改变 Y 轴增益和波形高度，有 ×1，×10，×100 三挡。

（7）Y 轴增益。调节 Y 轴增益和波形高度。

（8）Y 轴输入。被测网络输出信号接入端。

2. 扫描部分

（1）波段开关。改变输出扫频信号的频率范围，分为Ⅰ（0 ~ 75 MHz），Ⅱ（75 ~ 150 MHz），Ⅲ（150 ~ 300 MHz）。

（2）中心频率度盘。能连续改变扫频信号的中心频率。

（3）输出衰减。调节输出扫频信号的幅度。

（4）扫频电压输出。调节扫频信号的输出端，可接输出探头。

（5）频率偏移。调节扫频信号的频偏宽度。在测试时可以调整适合被测网络通频带宽度所需的频偏（顺时针旋转，频偏增宽）。

3. 频标部分

（1）频标选择。分 1 MHz、10 MHz 和外接 3 挡。

（2）频标幅度。调节频标显示幅度。

（3）外接频标输入。外接频标信号的输入端。使用此输入端时，频标选择应设置在“外接”挡。

三、BT3 型频率特性测试仪的使用

1．测试前的准备

（1）显示系统的检查。接通电源，预热 5 ~ 10 min，然后调节辉度和聚焦，得到亮度适中、聚焦清晰的扫描基线，如图 5—2—5 所示。

小提示

调整 Y 轴位置旋钮，扫描基线应能上下移动。

（2）将 50 Ω 连接电缆插入 Y 输入口，将 75RF 宽带检波器接 RF 输出口，如图 5—2—6 所示。

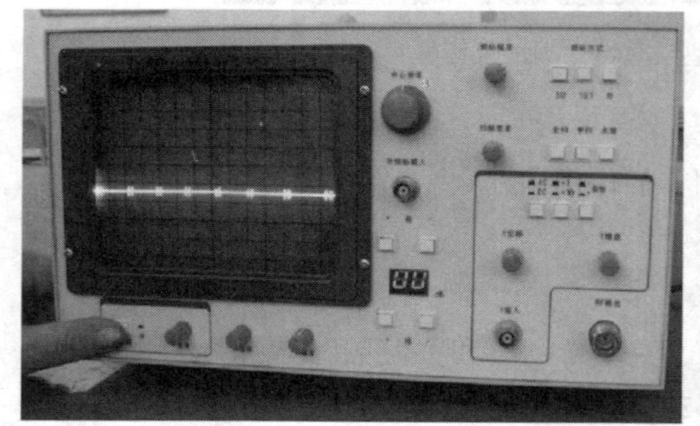

图 5—2—5　调试得到扫描基线

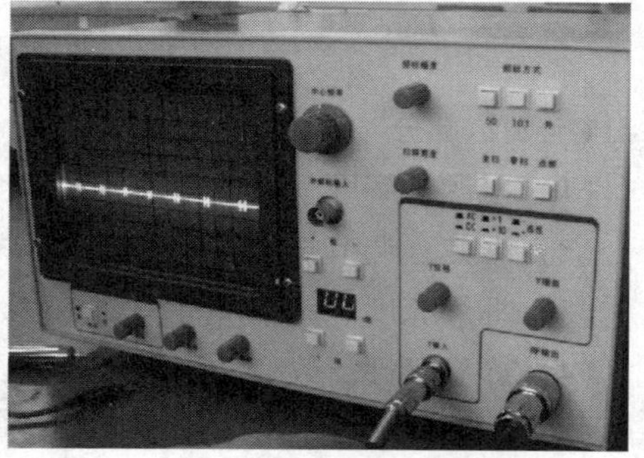

图 5—2—6　连接电缆和宽带检波器

（3）检查仪器内部标记，频标方式选 50 或 10.1，扫描线上应分别呈现出 50 MHz 或 10.1 MHz 频标信号，如图 5—2—7 所示。

（4）调节频标幅度旋钮，可以均匀地改变频标的大小，如图 5—2—8 所示。

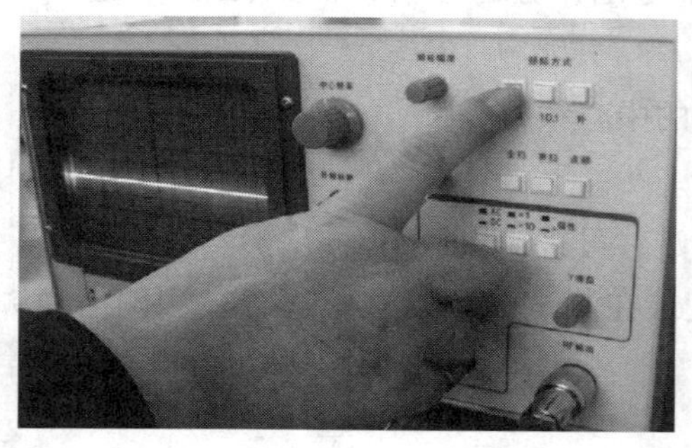

图 5—2—7　检查仪器内部标记

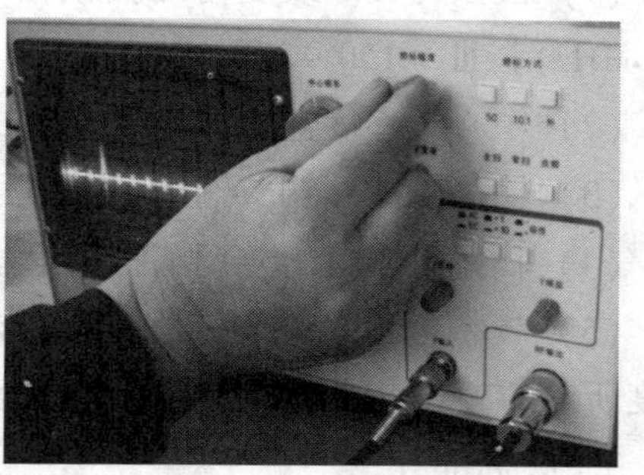

图 5—2—8　调节频标

（5）检查频率范围，将粗细衰减器设置为 0 dB，如图 5—2—9 所示。

（6）扫频方式选择“全扫”，频标方式选择“50”，极性选择开关置于“＋”位置，调节 Y 位移和 Y 增益，倍率开关选择“×10”挡，如图 5—2—10 所示。

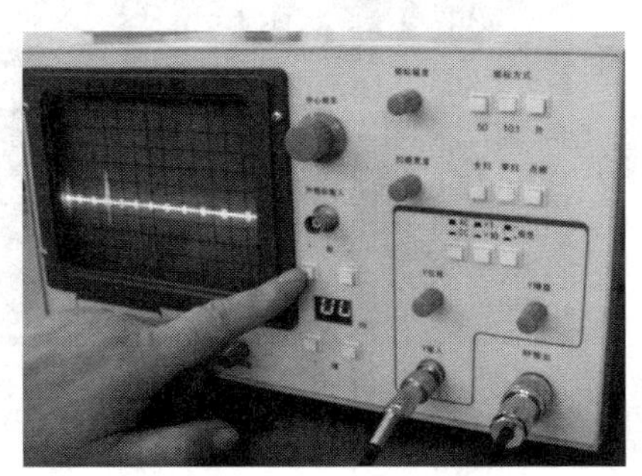

图 5—2—9　检查频率范围

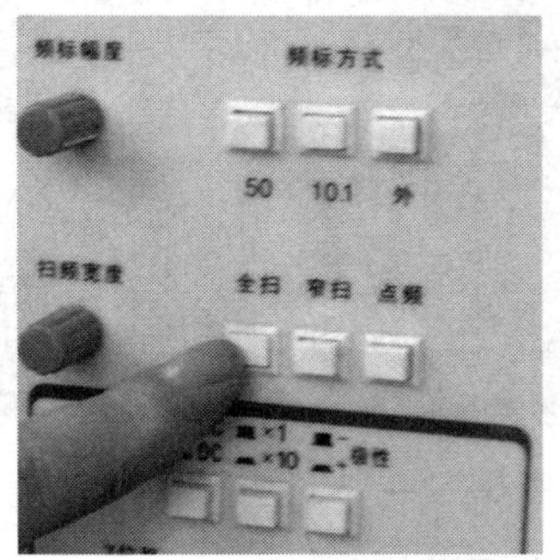

图 5—2—10　参数设置

（7）曲线上从零频开始的标记数应大于 6 个，如图 5—2—11 所示。

（8）扫频方式选择“窄扫”，频标方式选择“50”，如图 5—2—12 所示。

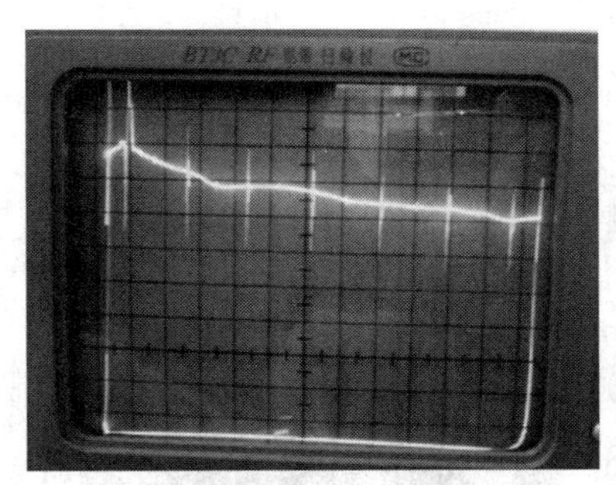

图 5—2—11　标记数调整 1

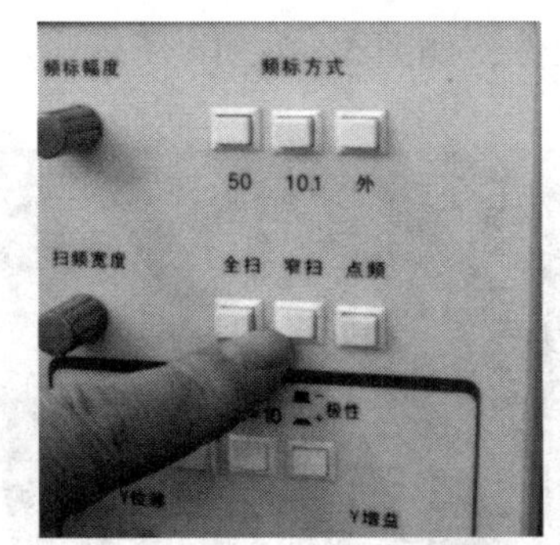

图 5—2—12　选择“窄扫”扫频方式

（9）调节中心频率旋钮，曲线上从零频开始的标记数为 6 个，将扫频宽度调至最大，频标方式选择“10. 1”，得到 10 MHz 的标记数应大于 4 个，如图 5—2—13 所示。

2. 测试仪的使用

（1）无源滤波器的测试

将 RF 扫频输出口接滤波器输入口，滤波器输出口接检波器后送至显示输入口，显示方式置于“DC”，倍率选择“×1”挡，调节 Y 位移使基线与底格重合，将 Y 增益调至“5 div”，选择适当的扫频宽度进行测量，如图 5—2—14 所示。

小提示

注意 RF 输出的大小，应保证被测网络输出不失真，不饱和，同时通过检波器的信号不可大于 100 mW，以免损坏滤波器。

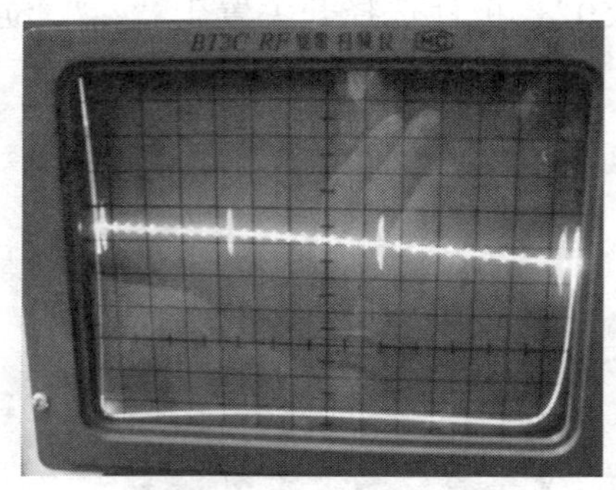

图 5—2—13　标记数调整 2

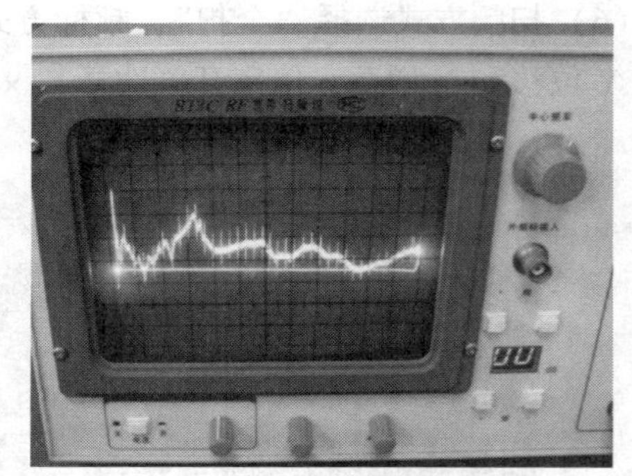

图 5—2—14　无源滤波器的测试

（2）有源网络的测量

对有源网络的测量必须注意信号馈给时隔直流的问题，如图 5—2—15 所示。

（3）谐振回路的测量

测量时应尽可能做到外电路与谐振回路相耦合，因此，可在信号馈入点加入适量的电抗分量元件，如图 5—2—16 所示。

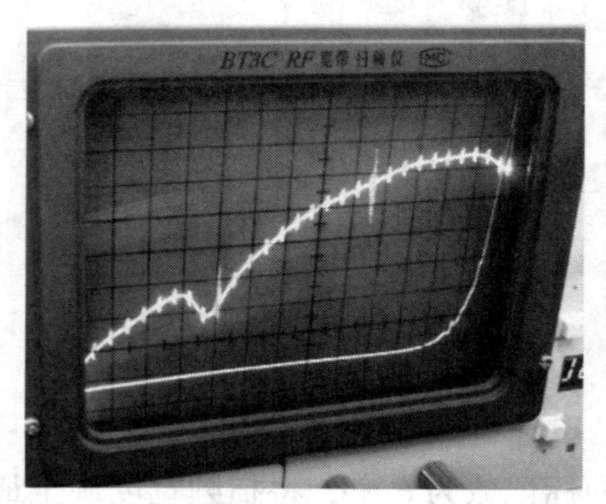

图 5—2—15　有源网络的测量

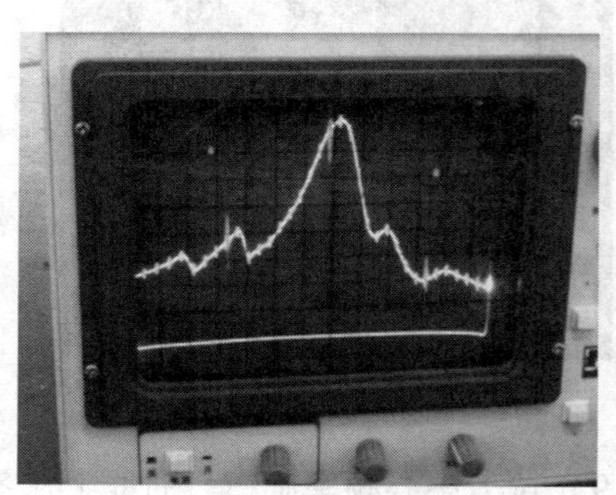
图 5—2—16　谐振回路的测量

小提示

注意使被测回路的输入端尽可能构成行波状态，从而减少反射的影响。信号的定性检测用高阻检波器比较方便，在高阻检波器的输入点可串接一小电容，以减小测试回路可能产生的失谐问题。

3．使用注意事项

（1）扫频仪与被测电路相连时，必须考虑阻抗匹配问题。

（2）若被测电路内部带有检波器，不应再用检波探头电缆，而直接用开路电缆与仪器相连。

（3）在显示幅频特性时，如发现图形有异常曲折，则表示被测电路中有寄生振荡，在测试前应予以排除。

（4）测试时，输出电缆和检波探头的接地线应尽量短些，切忌在检波探头上加接导线。

实训

用扫频仪测试中频放大器的技术指标

一、实训目的

1. 熟悉扫频仪的基本操作。
2. 能使用扫频仪测试中频放大器的技术指标。

二、实训设备与工具

扫频仪 1 台，中频放大器 1 个，通用工具 1 套。

三、实训内容与步骤

扫频仪的测试应用，以一个中频放大器为例，其技术指标如下：中心频率 30 MHz，频带宽度 6 MHz，增益大于 50 dB，特性曲线顶部呈双峰曲线，平坦度小于 1 dB。测试步骤和方法为：

1. 测试前准备

开机预热，调节辉度和聚焦，使图形清晰，基线与扫描线重合，频标显示正常。

2. 测试

（1）按如图 5—2—17 所示连接电路。

（2）将 Y 轴衰减置于“×10”挡（相当于衰减 20 dB），输出粗调衰减置于 40 dB，调整输出细衰减，使波形曲线高度为 5 格，记录总分贝数为______dB，则该中频放大器的电压增益 = 总分贝数 +20 dB（×10 挡）－输出衰减分贝数 =______dB。

（3）调节中频放大器的有关元件，使波形曲线达到技术指标如图 5—2—18 所示的频率特性曲线。调试时若出现如图 5—2—19a 和图 5—2—19b 所示的特性曲线时，表示电路处于临振和已振状态，应调整中频放大器的工作点，消除这种现象。

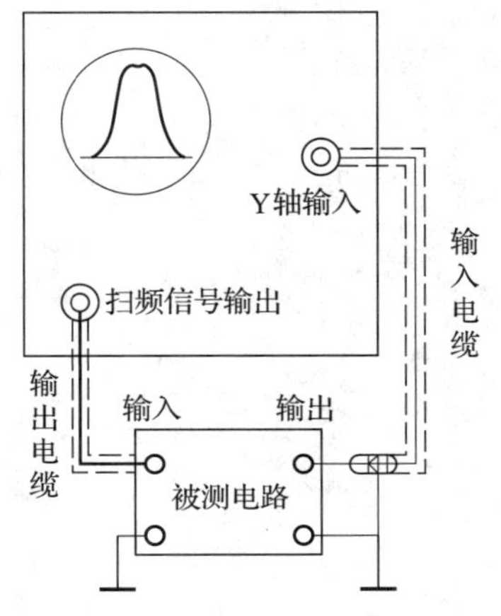

图 5—2—17　测试电路幅频特性的连接图

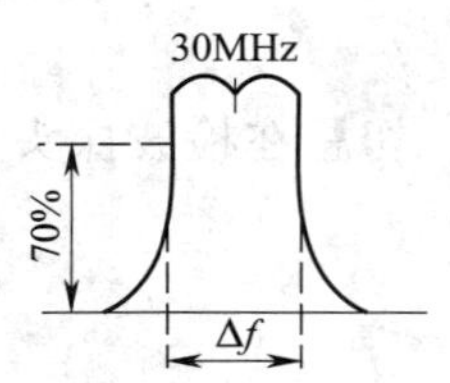

图 5—2—18　放大器的频率特性曲线

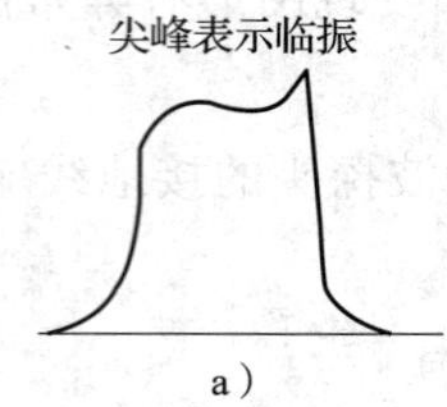

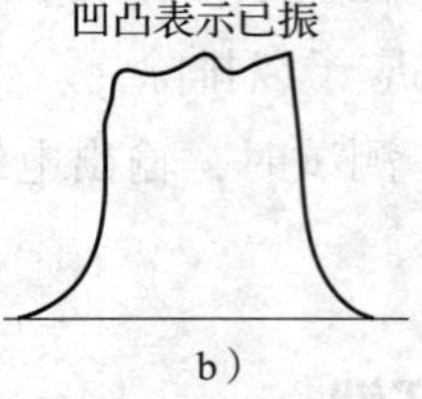

图 5—2—19　电路临振和已振状态时的特性曲线
a）临振状态　b）已振状态

模块六　测量用信号发生器

§6—1　低频信号发生器

1. 熟悉低频信号发生器的组成及原理。
2. 掌握低频信号发生器的使用方法。

低频信号发生器是用来产生标准低频正弦信号的一种电子仪器。作为测试用的信号源，要求它能根据需要输出正弦波音频电压或功率，供电气设备或电子线路的调试及维修时使用。本节主要介绍常用的 XD2 型低频信号发生器的组成、工作原理及使用方法。

一、低频信号发生器的组成及工作原理

XD2 型低频信号发生器为全半导体管化仪器，可以产生 1 Hz ~ 1 MHz 的正弦波信号，其输出信号的幅度大于 5 V，功率消耗小于 20 W。它的缺点是输出阻抗（信号源的内阻）随衰减值的不同而改变。

XD2 型低频信号发生器主要由振荡器、射极输出器、衰减器、电压表和直流稳压电源五部分组成，其基本组成框图如图 6—1—1 所示。

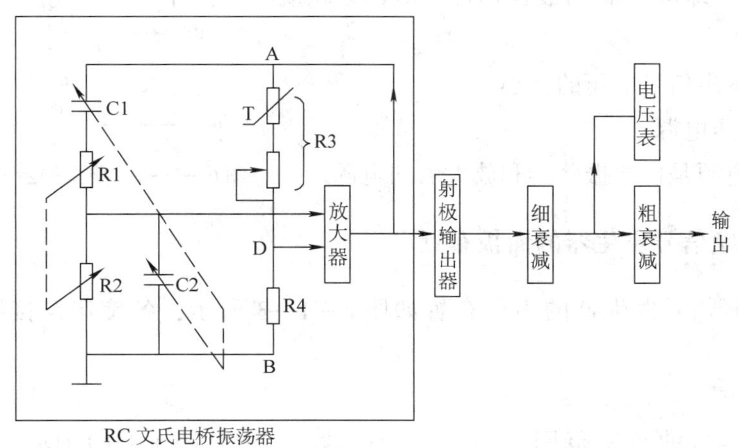

图 6—1—1　低频信号发生器基本组成框图

1. 振荡器

作为低频信号发生器的核心，振荡器决定了仪器输出信号的波形和频率。目前低频信号发生器中应用最多的是 RC 文氏电桥振荡电路。XD2 型低频信号发生器就采用了 RC 文氏电桥振荡电路，它具有非线性失真小、输出正弦波形好、频率调节方便、工作稳定等优点，其电路如图 6—1—1 所示。该振荡器由一个 RC 选频网络的正反馈电路和两级阻容耦合放大电路组成。图中的 R1、C1 和 R2、C2 组成文氏电桥振荡器的正反馈电路，R3、R4 组成文氏电桥的负反馈电路，其中 R3 由一个热敏电阻器和一个电位器串联组成。振荡信号经射极输出器输出，其输出电压大小由“输出电压”旋钮作为细衰减调节；也可经粗衰减进行进一步衰减。该振荡器的输出频率完全由 RC 来决定。

2. 射极输出器

射极输出器接在 RC 文氏电桥振荡器的输出端，它的作用有两个：第一，利用射极输出器将振荡器与输出部分隔离开，防止因负载的变动而影响振荡器的稳定，起到隔离作用；第二，利用射极输出器进行阻抗变换，以提高其带负载的能力。

3. 衰减器

其作用是将输出信号幅度调节到所需要的数值。低频信号发生器的输出电压调节一般需要同时采用连续调节和步进调节两种方式，以获得合适的输出信号幅度。典型的步进衰减器电路如图 6—1—2 所示。

XD2 型低频信号发生器电路中的细衰减一般采用电位器，以实现连续调节输出电压幅度；粗衰减则采用由电阻 R1 ~ R8 组成的步进衰减器，一般步进衰减器的每挡衰减 10 dB，即每增加一挡就增加 10 dB 的衰减量。

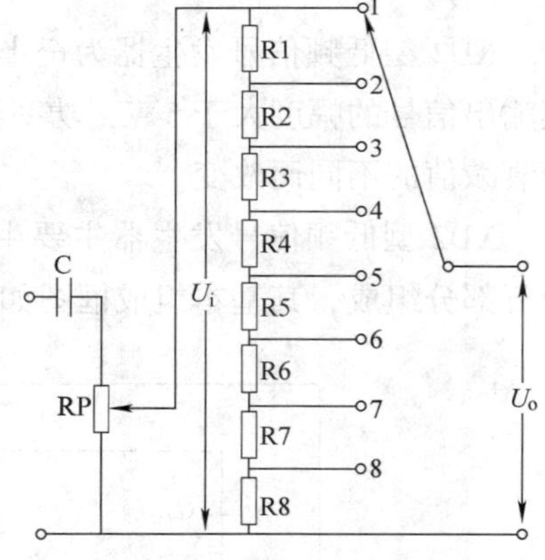

图 6—1—2　典型的步进衰减器电路图

4. 电压表

它可以指示出信号电压的大小。

5. 直流稳压电源

直流稳压电源是供给振荡器和放大器的电源。

二、XD2 型低频信号发生器的面板布置

XD2 型低频信号发生器的面板布置如图 6—1—3 所示，各旋钮及接线柱的作用如下：

1. 频率范围

选择输出信号的频率范围。共分六个频段，“1”挡 1 ~ 10 Hz；“2”挡 10 ~ 100 Hz；“3”挡 100 Hz ~ 1 kHz；“4”挡 1 ~ 10 kHz；“5”挡 10 ~ 100 kHz；“6”挡 100 kHz ~ 1 MHz。

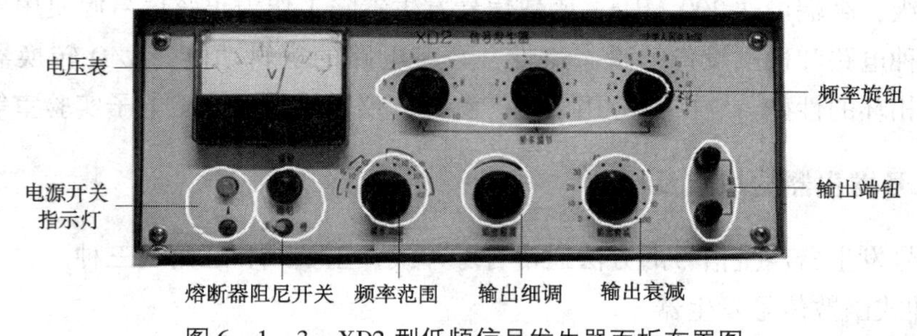

图 6—1—3　XD2 型低频信号发生器面板布置图

2．频率旋钮

配合频率范围旋钮，在已选定的频率范围内连续调节输出信号的频率。

3．输出细调

调节该旋钮，可得到所需的电压值，输出电压范围为 1 mV ~ 5 V，可由仪器面板电压表直接指示出输出电压的数值。

4．输出衰减

如果需要输出 200 mV 以下的小信号时，可利用该旋钮对信号进行适当衰减。

三、XD2 型低频信号发生器的使用方法

（1）仪器通电之前，应先检查电源的接入线是否正常，再将电源线接入 220 V 交流电源。

（2）开机前，应将输出细调旋钮旋至最小，输出衰减旋钮置于“0”位置，输出信号用电缆从输出端钮插口引出。

（3）接通电源开关，将频率范围旋钮置于所需挡位，调节频率旋钮至所需输出频率。

（4）按所需信号电压的大小，调节输出细调旋钮，电压表即可指示出输出电压值。

§6—2　函数信号发生器

学习目标

1．熟悉函数信号发生器的组成及原理。

2．掌握函数信号发生器的使用方法。

函数信号发生器实际上是一种多波形信号源，一般能产生正弦波、方波、三角波，有的还可以产生锯齿波、矩形波、正负脉冲、半正弦波等波形。由于其输出波形都能用数学函数来描述，故命名为函数信号发生器。目前生产的函数信号发生器，其输出信号的频率低端

可至微赫量级，高端可达200 MHz。函数信号发生器除了作为正弦信号源使用外，还可以用来测试各种电路和机电设备的瞬态特性，数字电路的逻辑功能，A/D 转换器、压控振荡器以及锁相环的性能。它广泛应用于生产测试、仪器维修和电工电子实验室等场合。

一、函数信号发生器的组成及原理

函数信号发生器产生信号的方法通常有脉冲式、正弦式和三角式三种。

1. 脉冲式函数信号发生器

如图 6—2—1 所示为脉冲式函数信号发生器的原理框图。其工作过程为：双稳态触发器产生方波信号，通过积分电路将方波变换成三角波信号，再通过正弦波形成电路将三角波变换成正弦波信号。三种信号通过各自独立的输出电路同时输出（也可使用同一输出电路，用开关实现输出波形的转换）。上述变换过程可以简化为方波→三角波→正弦波。

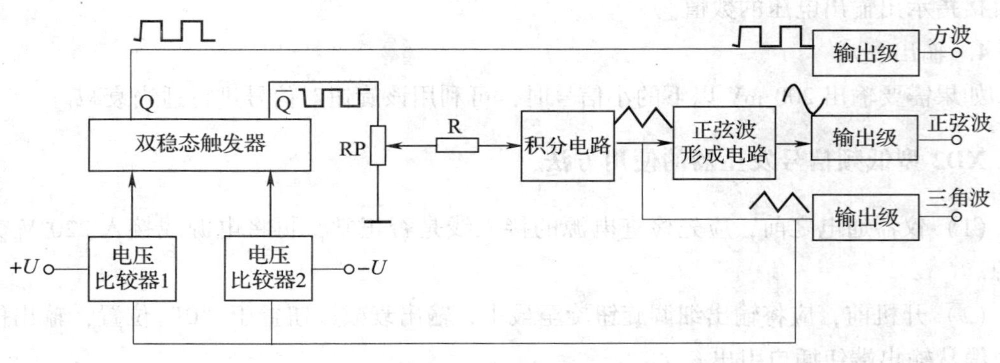

图 6—2—1　脉冲式函数信号发生器原理框图

2. 正弦式函数信号发生器

正弦式函数信号发生器的原理框图如图 6—2—2 所示。主要由正弦波振荡器、射极跟随器、方波形成电路、积分电路和输出级组成。

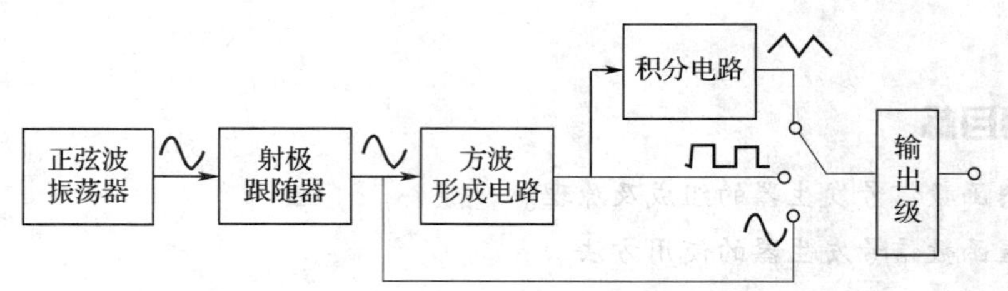

图 6—2—2　正弦式函数信号发生器原理框图

其工作过程为：正弦波振荡器输出正弦波，经过射极跟随器隔离后，分为两路信号输出：一路直接送往输出级输出正弦波信号，另一路作为方波形成电路的触发信号。方波形成电路通常由双稳态电路组成，它也输出两路信号：一路送输出级放大后输出标准方波信号，另一路送积分电路变换为三角波信号。三种信号的输出由选择开关控制。

3. 三角式函数信号发生器

三角式函数信号发生器是先产生三角波，然后产生方波和正弦波。它由三角波发生器、方波形成电路、正弦波形成电路、输出级等部分组成，是函数信号发生器中使用较多的一种形式，其原理框图如图 6—2—3 所示。

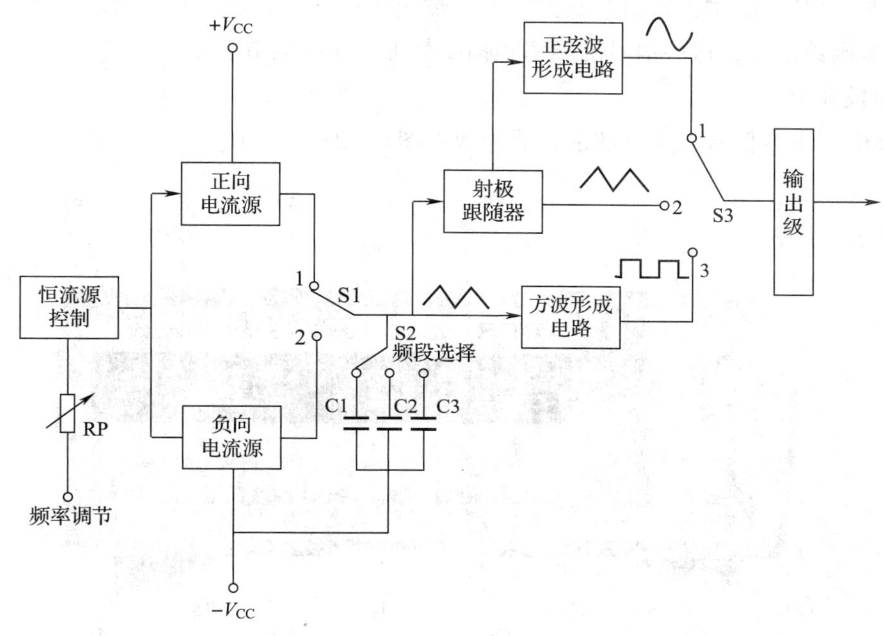

图 6—2—3　三角式函数信号发生器原理框图

三角式函数信号发生器是利用正、负向电流源对积分电容进行充、放电的原理制成的，能产生线性较好的三角波。改变正、负向电流源的激励电压，能够改变电流源的输出电流值，从而改变积分电容的充、放电速度，使三角波的重复频率得到改变，实现频率调谐。

正、负向电流源的工作转换受转换开关 S1 控制，它可用来交替切换送往积分器的充电电流正、负极性，使射极跟随器输出一定幅度的三角波信号。S2 为频段选择开关，通过切换不同容量的电容器，可以改变三角波的频率。将三角波送到方波形成电路，就能输出一定幅度的方波。将三角波经正弦波形成电路整形，即可输出正弦波。

三角波、方波和正弦波经选择开关 S3 送往输出级放大后输出。输出端一般还接有衰减器，用来调节输出电压的大小。

可调电阻 RP 为频率调节电位器，当调节该电位器时，恒流源控制电路会改变正、负向电流源输出电流的大小，电容充电电流就会发生变化，电路形成的三角波频率随之变化。若电流源的电流变大，在电容器容量不变的情况下，充电充到上、下限电压所需的时间就越短，形成的三角波周期越短，频率越高。由于 RP 可以连续调节，所以可以连续调节三角波的频率。

二、函数信号发生器的外观及性能指标

函数信号发生器种类很多，使用方法大同小异，这里以 VC2002 型函数信号发生器为例进行说明。VC2002 型函数信号发生器可以输出正弦波、方波、矩形波、三角波和锯齿波 5 种基本函数信号，这些信号的频率和幅度都可以连续调节。

1．面板介绍

VC2002 型函数信号发生器的前、后面板如图 6—2—4 所示。

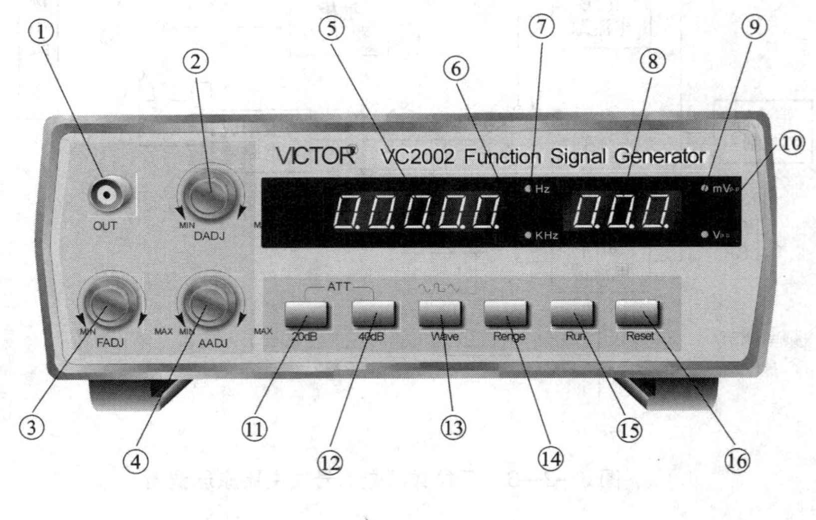

a）

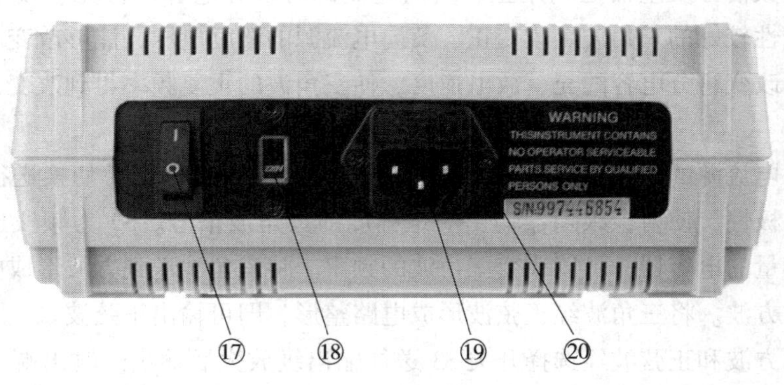

图 6—2—4　VC2002 型函数信号发生器

a）前面板　b）后面板

VC2002 型函数信号发生器面板各部分的功能说明见表 6—2—1。

表 6—2—1　　VC2002 型函数信号发生器面板各部分的功能说明

序号	名称	功能
①	信号输出插孔	用于输出仪器产生的信号
②	占空比调节旋钮	用于调节输出信号的占空比。本仪器的占空比调节范围为 20% ~80%
③	频率调节旋钮	用于调节输出信号的频率
④	幅度调节旋钮	用于调节输出信号的幅度
⑤	频率显示屏	用于显示输出信号的频率。频率显示屏是一个多功能显示屏，由 5 位 LED 数码管组成。在进行信号类型选择时，最高位显示 1、2、3，分别代表正弦波、方波、三角波；在进行频段选择时，最低位显示 1、2、3、4、5、6、7，分别代表不同的频率范围；在输出信号时，显示输出信号的频率
⑥	kHz 指示灯	当该灯亮时，表示输出信号频率以“kHz”为单位
⑦	Hz 指示灯	当该灯亮时，表示输出信号频率以“Hz”为单位
⑧	幅度显示屏	用来显示输出信号的幅度
⑨	mV_{P-P}指示灯	当该灯亮时，表示输出信号的峰—峰值幅度以“mV_{P-P}”为单位
⑩	V_{P-P}指示灯	当该灯亮时，表示输出信号的峰—峰值幅度以“V_{P-P}”为单位
⑪	20 dB 衰减按钮	当按下该键时，输出信号会被衰减 20 dB（即衰减 10 倍）再输出
⑫	40 dB 衰减按钮	当按下该键时，输出信号会被衰减 40 dB（即衰减 100 倍）再输出
⑬	信号类型选择按钮	用来选择输出信号的类型。当反复按下该键时，5 位 LED 频率显示屏的最高位会循环显示 1、2、3
⑭	频段选择按钮	用来选择输出信号的频段。当反复按下该键时，5 位 LED 频率显示屏的最低位会循环显示频段 1、2、3、4、5、6、7，各频段的频率范围分别为 0.2 ~2 Hz，2 ~20 Hz，20 ~200 Hz，200 Hz ~2 kHz，2 ~20 kHz，20 ~200 kHz，200 kHz ~2 MHz
⑮	确定按钮	当仪器的各项调节好后，再按下此键，仪器开始运行，按设定输出信号，同时在显示屏上显示输出信号的频率和幅度
⑯	复位按钮	当仪器出现显示错误或死机时，按下此键，仪器复位
⑰	电源开关	用于接通和切断仪器的电源
⑱	110 V/220 V 电源转换开关	使仪器在 110 V 和 220 V 两种交流电源供电时都能正常使用

续表

序号	名称	功能
⑲	电源插座	用于插入配套的电源插线，为仪器引入110 V或220 V电源
⑳	熔断器	当仪器内部出现过载或短路时，熔断器内熔丝熔断，使仪器得到保护。其熔丝容量为0.5 A/250 V

小提示

（1）占空比是指一个信号周期内高电平时间与整个信号周期时间的比值，占空比为50%的矩形波为方波。

（2）在使用仪器时，先操作频段选择按钮选择好频段，再调节频率调节旋钮，就可使仪器输出本频段频率范围内的任一频率信号。

2. 技术指标

VC2002型函数信号发生器的技术指标如下：

（1）频率范围：0.2～2 Hz，2～20 Hz，20～200 Hz，200 Hz～2 kHz，2～20 kHz，20～200 kHz，200 kHz～2 MHz。

（2）输出幅度：（2～20）V_{P-P} ±20%。

（3）输出阻抗：50 Ω。

（4）输出衰减：20 dB，40 dB。

（5）占空比：20%～80%（±10%）。

（6）显示：5位LED频率显示，3位LED幅度显示。

（7）正弦波：失真度<2%。

（8）三角波：线性度>99%。

（9）方波：上升沿及下降沿时间<100 ns。

（10）时基：标称频率12 MHz；频率稳定度$\pm 5\times 10^{5}$。

（11）信号频率稳定度：<0.1%/min。

（12）测量误差：≤0.5%。

（13）电源：220 V/110 V（±10%），50 Hz/60 Hz（±5%），功耗≤15 W。

三、VC2002型函数信号发生器的使用方法

（1）开机并接好输出测试线。将仪器后面板上的110 V/220 V电源转换开关拨到“220 V”位置，接通电源，在仪器的信号输出插孔上接好输出测试线。

（2）设置输出信号的频段。反复按下频段选择按钮，同时观察频率显示屏最低位显示的频段号（1～7），选择合适的输出信号频段。

（3）设置输出信号的波形类型。反复按下信号类型选择按钮，同时观察频率显示屏最高位显示的波形类型代码（1：正弦波；2：方波；3：三角波），选择所需输出信号的类型。

（4）按下确定按钮，仪器开始运行，在频率显示屏显示信号的频率，在幅度显示屏显示信号的幅度。

（5）调节频率调节旋钮，同时观察频率显示屏，使信号频率满足要求；调节幅度调节旋钮并观察幅度显示屏，使信号幅度满足要求。

（6）调节占空比调节旋钮，使输出信号占空比满足要求。方波的占空比为50%，大于或小于该值则为矩形波；三角波的占空比为50%，大于或小于该值则为锯齿波。

（7）将仪器的信号输出测试线与其他待测电路连接，若连接后仪器的输出信号频率或幅度等发生变化，可重新调节仪器，直至输出信号满足要求。

实训

用函数信号发生器测量低频信号放大器的幅频特性

一、实训目的

1. 熟悉函数信号发生器的基本操作。
2. 能使用函数信号发生器测量低频信号放大器的幅频特性。

二、实训设备与工具

函数信号发生器1台，电子毫伏表1台，装好的晶体管低频放大器1台。

三、实训内容与步骤

（1）按如图6—2—5所示连接图接线。

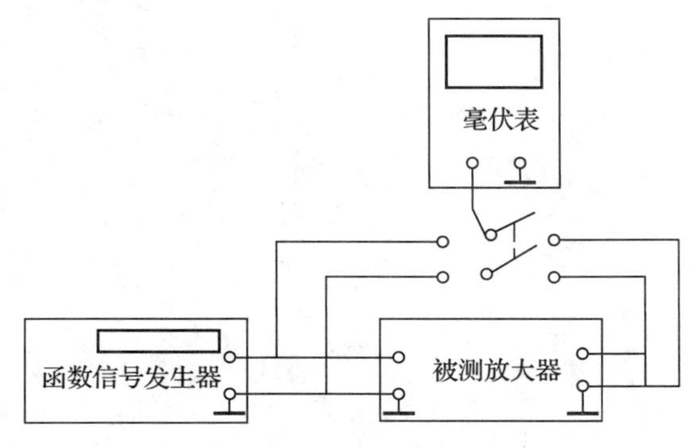

图6—2—5　放大器幅频特性测试连接图

（2）调节函数信号发生器，使其输出频率为1 kHz，幅度为10 mV的正弦波信号，并将其送至被测放大器的输入端。

（3）在被测放大器的输出端接负载电阻 R_L，然后将输出接至毫伏表，测出放大器在1 kHz时的输出电压值为______。

（4）根据被测电路的技术指标，保持函数信号发生器输出幅度不变，逐点改变其输出频率，记录被测放大器的输出电压值（表6—2—2），并根据所得数据，画出被测放大器的频率特性曲线（图6—2—6）。

表6—2—2　　测量结果记录

输出频率（Hz）						
输出电压（mV）						

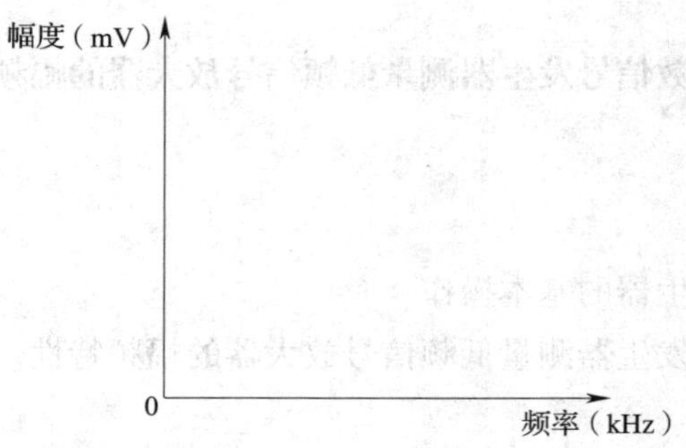

图6—2—6　放大器的幅频特性曲线

模块七　示波器与晶体管特性图示仪

§7—1　通用示波器

1. 掌握通用示波器的组成及各部分的作用。
2. 熟悉示波器的示波原理。

电子示波器是一种能够直接显示电压（或电流）变化波形的电子仪器。使用示波器不仅可以直观地观察被测电信号随时间变化的全过程，而且还可以通过它显示波形电压（或电流）的有关参数，以及进行频率和相位的比较、特性曲线的描绘等，其用途十分广泛。

电子示波器的种类很多，除通用示波器外，还有能同时显示两个以上波形的多踪示波器；利用取样技术，将高频信号转换为低频信号再进行显示的取样示波器；采用计算机技术，具有存储和计算功能的智能示波器。此外，还有具有特殊功能的特种示波器，如电视示波器、矢量示波器、高压示波器等。本节重点介绍通用示波器的组成及其工作原理。

一、通用示波器的组成

通用示波器的基本工作框图如图 7—1—1 所示，它主要由示波管、Y 轴偏转系统、X 轴偏转系统、扫描及整步系统、电源五部分组成，各部分的作用见表 7—1—1。

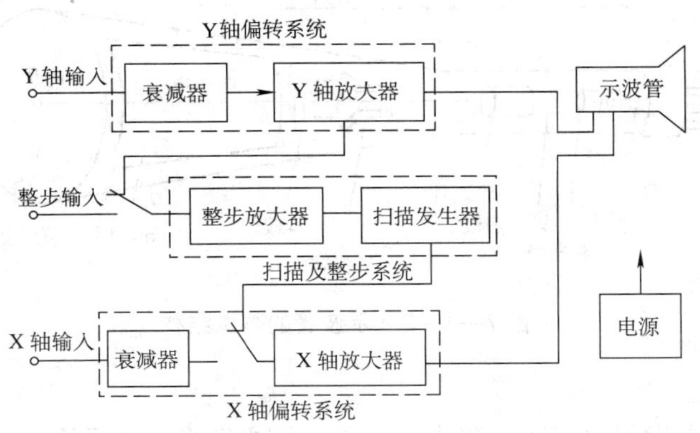

图 7—1—1　通用示波器的基本工作框图

表 7—1—1　　通用示波器的组成及各部分的作用

名称	组成及作用
示波管	它是示波器的核心，其作用是把所需观测的电信号变换成发光的图形
Y 轴 偏转系统	由衰减器和 Y 轴放大器组成，其作用是放大被测信号。衰减器先将不同的被测电压衰减成能被 Y 轴放大器接受的微小电压信号，再经 Y 轴放大器放大后提供给 Y 轴偏转板，以控制电子束在垂直方向的运动
X 轴 偏转系统	由衰减器和 X 轴放大器组成，其作用是放大锯齿波扫描信号或外加电压信号。衰减器主要用来衰减由 X 轴输入的被测信号，衰减倍数由“X 轴衰减”开关进行切换。当此开关置于“扫描”位置时，由扫描发生器送来的扫描信号经 X 轴放大器放大后送到 X 轴偏转板，以控制电子束在水平方向的运动
扫描及 整步系统	扫描发生器的作用是产生频率可调的锯齿波电压，作为 X 轴偏转板的扫描电压。整步系统的作用是引入一个幅度可调的电压，用来控制扫描电压与被测信号电压保持同步，使屏幕上显示出稳定的波形
电源	由变压器、整流及滤波等电路组成，作用是向整个示波器供电

二、通用示波器的工作原理

1. 示波管的基本知识

示波管是示波器的核心元件。因此，熟悉示波管的结构及工作原理，对掌握整个示波器的工作原理具有重要意义。

示波管主要由电子枪、荧光屏和偏转系统三大部分组成，示波管的基本结构如图 7—1—2所示。

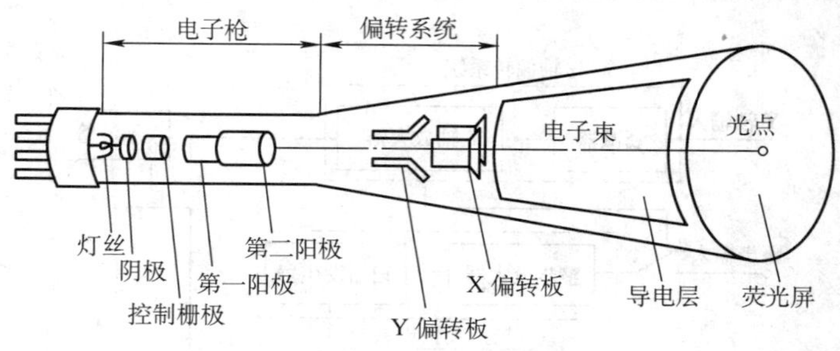

图 7—1—2　示波管的基本结构

(1) 电子枪

电子枪的作用是发射电子束，轰击荧光屏，使之发光。电子枪由灯丝、阴极、控制栅极、第一阳极和第二阳极组成，各部分的作用见表 7—1—2。

表 7—1—2　　电子枪的组成及各部分的作用

名称	组成及用途
灯丝	用于加热阴极
阴极	是一个表面涂有氧化物的金属圆筒，在灯丝加热作用下能够发射电子
控制栅极	是一个顶部开有小孔的金属圆筒，其上加有比阴极电压低的负电压，故对阴极发射来的电子有排斥作用。调节控制栅极的负电压高低，可以控制通过小孔的电子束强弱，从而改变荧光屏上光点的亮度
第一阳极和第二阳极	它们是两个圆形金属筒，其上加有对阴极来说为正的电压（第二阳极上为 1 900 V，第一阳极电压为第二阳极的 0.2 ~0.5 倍）。它们的作用有二：一是吸引由阴极发射来的电子，使之加速；二是使电子束聚焦

（2）荧光屏

荧光屏的作用是显示被测波形。荧光屏位于示波管前端，在玻璃内壁上涂有一层荧光粉，荧光粉在高速电子束的撞击下能发光。发光的强弱与激发它的电子数量多少和速度快慢有关。电子数量越多、速度越快，产生的光点越亮，反之亦然。荧光粉在电子束停止撞击后，其发光仍能持续一段时间，这种现象称为“余辉”。

（3）偏转系统

偏转系统的作用是使电子束有规律地移动，从而在荧光屏上显示出被测波形。根据偏转原理不同，示波管中的偏转系统又可分为静电偏转和电磁偏转两种。常见的静电偏转系统包括垂直偏转板 Y 和水平偏转板 X，靠近电子枪上下放置的一对叫 Y 偏转板，离电子枪较远且水平放置的一对叫 X 偏转板。

示波管中的电子透镜

阴极发射的电子束受到阳极正电压的吸引，一方面产生加速运动，另一方面各电子之间又会因相互排斥而散开，使得电子束在荧光屏上不能聚成焦点，造成图像模糊不清，这就需要设置一个电子透镜来实现聚焦。利用第一阳极与第二阳极之间形成的空间电场区，可以把电子束聚焦成一个细束，使荧光屏上电子束所到之处呈现一细小清晰的亮点。改变第一阳极和第二阳极之间的电位差，其空间电场分布会发生变化，达到改变聚焦的目的，从而起到类似透镜聚焦的作用。第一阳极和第二阳极的电压都可以通过电位器来进行调节，调节这两个电位器的旋钮分别叫聚焦旋钮和辅助聚焦旋钮。

2. 示波原理

电子束从电子枪中发射出来后，受到阳极正电压的吸引，经偏转系统向荧光屏方向加速前进。如果偏转板上不加电压，则电子束只能径直射向荧光屏中央，使荧光屏中央出现一个光点。

如果在 Y 偏转板上加一直流电压，如图 7—1—3 所示，则在两块 Y 偏转板之间就会产生一个由上向下的电场。当电子束向荧光屏方向加速运动穿过该电场时，受到电场力的作用产生向上的偏转；如果所加偏转电压的极性改变，则电子束将向下偏转。X 轴偏转的原理与 Y 轴偏转的原理相同，可使电子束向左或向右偏转。如果在 X 偏转板和 Y 偏转板上同时施加电压，则在两个电场力的共同作用下，电子束就可以上下左右地移动。在荧光屏的余辉和人的眼睛视觉残留的共同作用下，就能在荧光屏上看到亮点所描绘出的各种波形。

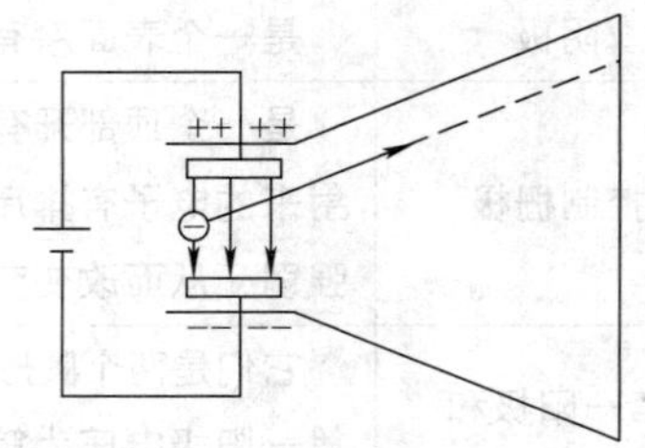

图 7—1—3 Y 偏转板加直流电压后使电子束发生偏转

一般情况下，被测电压都加在 Y 轴偏转板上，而在 X 轴偏转板上加随时间线性变化的锯齿波扫描电压。这时，由于电子束在作垂直运动的同时，又以匀速沿水平方向移动，因而在荧光屏上扫描出被测电压随时间变化的波形。如果锯齿波扫描电压的周期与被测电压的周期完全相等，扫描电压每变化一次，荧光屏上就出现一个完整的被测波形。每一个周期出现的波形都重叠在一起，荧光屏上就能看到一个稳定清晰的波形，如图 7—1—4 所示。

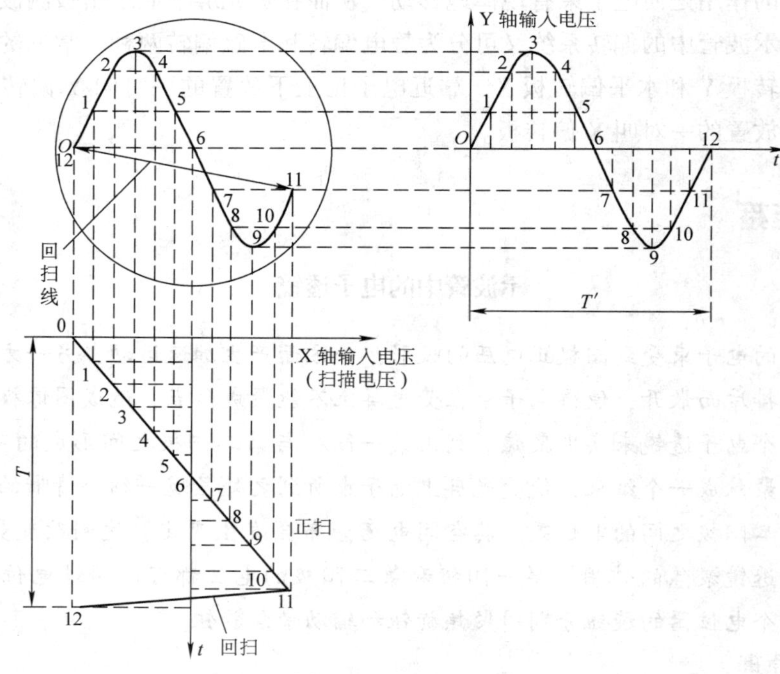

图 7—1—4 波形显示原理

如果锯齿波扫描电压周期是被测信号周期的整数倍，荧光屏上会稳定地显示出若干个被测信号的波形。调节扫描电压的频率可以通过调节示波器面板上的时间因数旋钮（有的示波器称扫描范围）和扫描微调旋钮来实现。

知识链接

示波器中的“整步”

实际上，由于锯齿波扫描电压和被测电压来自两个不同的信号源，两个电压周期的整数倍关系很难长时间保持绝对稳定，因此，需要利用整步作用来保持两者整数倍的关系。整步作用通常是把被测信号电压送入扫描发生器，让锯齿波扫描电压的频率受到被测信号的控制而使两者同步。这个起整步作用的信号电压叫“触发电压”，触发电压越大，整步作用越强。触发电压除了可取自被测信号外，还可取自示波器内部的正、负电源。触发电压的选择和大小调节可由示波器面板上的触发方式开关和触发电平旋钮来实现。

§7—2　双踪示波器

学习目标

1. 熟悉双踪示波器的基本组成和主要技术指标。
2. 掌握双踪示波器的测量原理。

能在同一屏幕上同时显示两个被测波形的示波器称为双踪示波器。要在一个示波器的屏幕上同时显示两个被测波形，通常是用电子开关控制两个被测信号，不断交替地送入通用示波管中进行轮流显示。只要轮换的速度足够快，由于示波管的余辉效应和人眼的视觉残留作用，屏幕上就会同时显示出两个波形的图像。

一、双踪示波器的基本原理

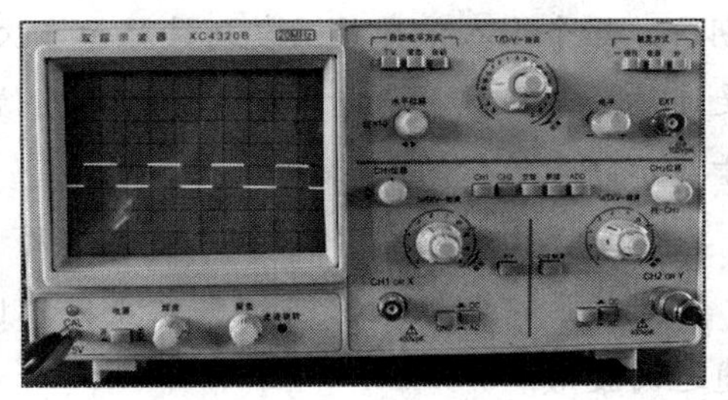

图 7—2—1　双踪示波器

双踪示波器（图 7—2—1）的垂直系统和通用示波器相比，主要的区别是设有两个 Y 轴通道及增加了电子开关和门电路，如图 7—2—2 所示，被测的两个信号由 Y 轴的两个通道 CH1 和 CH2 分别输入，经各自的探头、衰减器、前置放大器放大后送入各自的门电路（CH1 门电路和 CH2 门电路)，门电路受电子开关的控制轮流打开，使两个被测信号轮流送入延迟电路和 Y 轴后置放大器，最后送到示波管的 Y 偏转板上，实现电子束在垂直方向上的偏转。

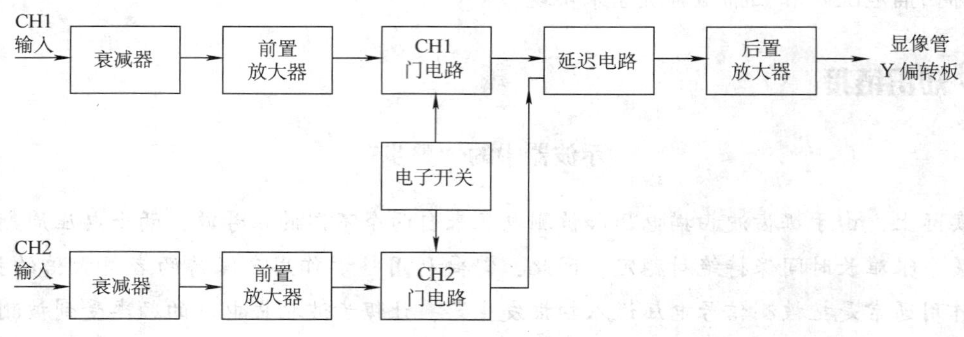

图 7—2—2　双踪示波器的 Y 轴偏转系统

与通用示波器相似，被测信号经前置放大器放大后送出一路“内触发”信号，该信号经“触发器选择开关”选择和“触发整形放大器”放大后，触发“扫描发生器”，产生锯齿波扫描信号。

小提示

电子开关（Y 工作方式）有“交替”“断续”“CH1”“CH2”“CH1 + CH2”五种工作状态。

当处于“交替”状态时，电子开关产生一个方波信号，当方波在“1”电平时，门电路只让 CH1 通道的信号通过；当方波在“0”电平时，门电路只让 CH2 通道的信号通过。由于电子开关的转换速度受扫描信号的控制，被测信号的频率越高，扫描频率也越高，电子开关的转换速度也越快，在屏幕上就会同时出现两个不同的被测信号，实现双踪显示的目的。当被测信号频率过低时，电子开关转换速度过低，屏幕上就不能同时显示出两个信号波形，所以这种工作状态只适用于显示频率较高的信号波形。

当处于“断续”状态时，电子开关不受扫描信号的控制，产生固定频率为 250 kHz 的方波信号。电子开关即以这个频率进行自动转换，轮流接通两个通道。这样在一个扫描周期内，两个输入信号就反复断续显示多次。只要断续次数足够多，两个波形看起来就好像是连续的。在这种状态下工作时，被测信号频率不得高于电子开关的转换频率，因而适用于显示频率较低的信号。

注意，上述“交替”和“断续”两种状态都属于“双踪”显示的范围。

当处于“CH1”状态时，方波在“1”电平，CH1 通道开通，屏幕上只能显示 CH1 通道的波形。

当处于“CH2”状态时，方波在“0”电平，CH2 通道开通，屏幕上只能显示 CH2

通道的波形。

当处于“CH1 + CH2”状态时，电子开关不工作。这时，两路信号同时通过门电路和放大器，屏幕上显示的是两路信号叠加后形成的波形。

二、双踪示波器的组成部分

双踪示波器除了具有一般通用示波器的组成部分外，还具有它自己所特有的组成部分。

1. 探头

探头是连接示波器外部的一个输入电路部件。探头的作用是提高垂直通道的输入电阻、减小输入电容，从而减小杂散信号对被测信号的影响。同时由于探头的分压作用，被测信号通过探头有 10∶1 的衰减，从而扩大量程，测量更高的电压。

探头的结构形式和等效电路如图 7—2—3 所示，它将一个 RC 并联电路装在金属屏蔽壳内，通过屏蔽电缆接在示波器垂直输入端。图中 R1、C1 表示探头中的并联电阻和电容，R_i、C_i 表示示波器的输入电阻和输入电容。通过调整 C1，使得 $R_1C_1 = R_iC_i$，就能组成宽频带脉冲分压器，使输入电阻增大 10 倍，输入电容减小为原来的 1/10，同时量程扩大 10 倍。

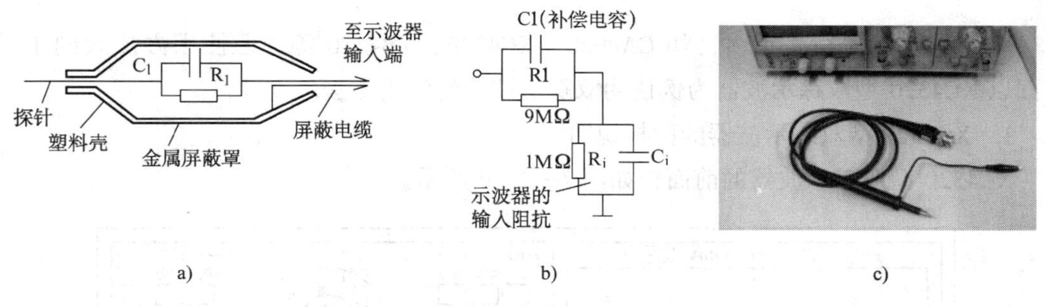

图 7—2—3　示波器的探头

a）探头结构　b）探头等效电路　c）探头外形

还有一种探头叫有源探头，它是在探头内装一个射极输出器来提高其输入阻抗。其主要特点是对信号没有衰减，因而便于测量微小信号。但测量的动态范围有限，测量大信号时有失真。

2. 校准信号发生器

校准信号发生器用来产生频率为 1 kHz、幅度为 0.5 V_{P-P}的标准方波电压。其电路构成主要是一个射极耦合多谐振荡器，其输出经限幅、放大，然后由射极跟随器的射极经分压后产生标准方波。标准信号的作用是用来测量被测信号电压的幅度，或者用来校准扫描速度。

连续扫描与触发扫描

前面介绍的示波器采用的是连续扫描方式，即在被测信号的一个周期内用连续不断的扫描电压进行扫描。这种扫描方式一般适用于观察连续变化的波形，如正弦波。而需观察持续时间很短的脉冲波或非周期性的信号波形时，只能用触发扫描方式。

触发扫描与连续扫描的不同点是：连续扫描是由一个直线性变化的扫描电压进行扫描，这个扫描电压是由锯齿波扫描发生器产生的，它不需要外界信号控制就能产生扫描电压。而触发扫描必须在外界信号触发下才能产生扫描电压。外界信号触发一次，就产生一个扫描电压波形。外界信号不断触发，它就产生一系列扫描电压波形，而且扫描电压和被测脉冲信号始终保持同步。

双踪示波器中的“自动扫描电路”的作用就是在无触发信号时，扫描发生器产生自激扫描；当有触发信号输入时，电路自动转换到触发状态，由触发信号启动扫描，这就是所谓的触发扫描。

三、双踪示波器的使用

双踪示波器的型号很多，如 CA8020、XC4320、YB4320 等，但使用方法大同小异。下面以 XC4320 型双踪示波器为例说明双踪示波器的使用方法。

1. XC4320 型双踪示波器的面板说明

XC4320 型双踪示波器的前面板如图 7—2—4 所示。

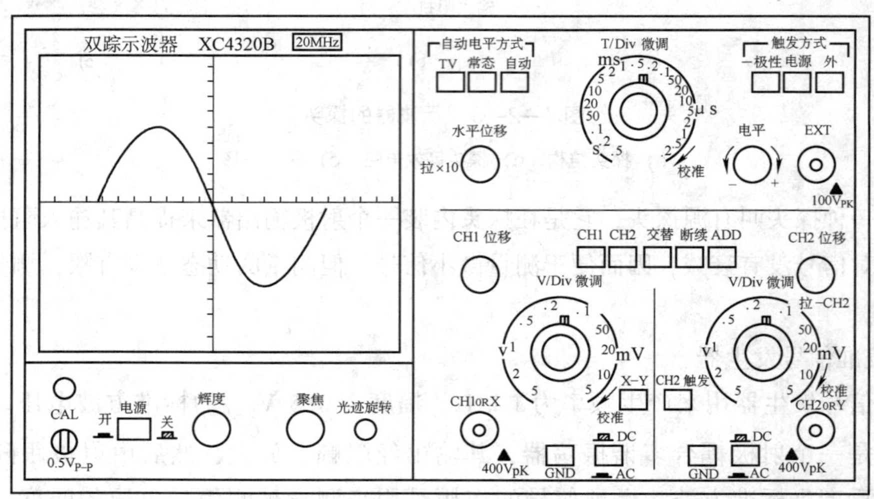

图 7—2—4 XC4320 型双踪示波器的前面板图

（1）电源部分

电源开关——示波器主电源开关。开关按下时，电源指示灯（CAL）亮，表示电源已接通。

辉度旋钮——控制光点和扫描线亮度。

聚焦旋钮——调整扫描线的清晰度。

光迹旋转旋钮——用来调整水平扫描线，使之与水平刻度线平行。

（2）垂直系统部分

CH1（X）—— Y1 的垂直输入端。在 X－Y 工作时作为 X 轴输入端。

CH2（Y）—— Y2 的垂直输入端。在 X－Y 工作时作为 Y 轴输入端。

耦合选择开关（AC—GND—DC）—— AC：交流耦合。GND：放大器的输入端接地。DC：直流耦合。

V/Div ——衰减器开关。从 5 mV/Div～5 V/Div 共分 10 挡，供选择垂直偏转因数。Div 表示分格的意思，如 V/Div 表示显示器屏幕上每一格对应的电压值，这样就能很方便地从屏幕上波形所占的格数计算出波形的电压值。

微调旋钮——偏转因数微调。可调节至面板指示值的 2.5 倍以上，当其置于“校准”位置时，偏转因数校准为面板指示值；当其拉出时，放大器增益增大 5 倍。

垂直位移——调节扫描线或光点的垂直位置。

Y 方式——由五个按键开关组成，用于选择垂直系统的工作方式（CH1：Y1 单独工作。CH2：Y2 单独工作。双踪：Y1、Y2 以交替或断续方式工作。ADD：Y1＋Y2 同时工作）。

（3）水平系统部分

T/Div ——扫描时间因数选择开关，用于选择扫描时间因数。

扫描微调——用于扫描时间因数的微调。可调节至面板指示值的 2.5 倍以上，当其置于“校准”位置时，扫描偏转因数校准为面板指示值。

水平位移——调节扫描线或光点的水平位置。当该旋钮拉出时，处于“×10”扩展状态。

（4）触发部分

触发方式开关——由三个按键开关组成，用于选择触发信号（极性：选择触发极性。电源：交流电源作触发信号。外：由输入端 EXT 引入的外触发信号作触发信号）。

触发电平旋钮——调节触发电平的大小。

自动电平方式——由三个按键开关组成，用于选择所需的扫描方式（自动：无论有无触发信号，扫描自动进行。常态：无触发信号时，扫描处于准备状态，没有扫描线。TV：扫描受电视信号的控制）。

（5）0.5 V_{P-P}

输出频率为 1 kHz 的校准电压信号（0.5 V_{P-P}的方波电压），供校准仪器用。

2. 双踪示波器的使用方法

（1）测量前的准备工作

1）显示扫描线：将电源线插入交流电源插座之前，应按表7—2—1设置仪器的开关及控制旋钮。

表7—2—1 各开关及旋钮的位置

开关名称	位置设置	开关名称	位置设置
电源开关	断开	触发源	CH1
辉度	相当于时钟“3”点位置	耦合选择	AC
Y轴工作方式	CH1	电平	锁定（逆时针旋到底）
垂直位移	中间位置，推进去	释抑	常态（逆时针旋到底）
V/Div	10 mV/Div	T/Div	0.5 ms/Div
垂直微调	校准（顺时针旋到底），推入	水平微调	校准（顺时针旋到底），推入
AC—GND—DC	接地GND	水平位移	中间位置

2）打开电源：调节辉度和聚焦旋钮，使扫描基线清晰度较好。

3）一般情况下，应将垂直微调和扫描微调旋钮处于“校准”位置，以便读取V/Div和T/Div的数值。

4）调节CH1垂直移位：使扫描基线设定在屏幕的中间，若此光迹在水平方向略微倾斜，则应调节光迹旋转旋钮，使光迹与水平刻度线相平行。

5）校准探头：由探头输入方波校准信号到CH1输入端，将0.5 V_{P-P}校准信号加到探头上。将“AC—GND—DC”开关置于“AC”位置，校准波形将显示在屏幕上。

（2）测量信号的步骤

1）将被测信号输入到示波器通道输入端。注意输入电压不可超过400 V（DC + AC_{P-P}）。使用探头测量大信号时，必须将探头衰减开关拨到“×10”位置，此时输入信号缩小到原值的1/10，实际的V/Div值为显示值的10倍。如果将V/Div置于0.5 V/Div，那么实际值应等于0.5 V/Div×10 = 5 V/Div。测量低频小信号时，可将探头衰减开关拨到“×1”位置，如图7—2—5所示。

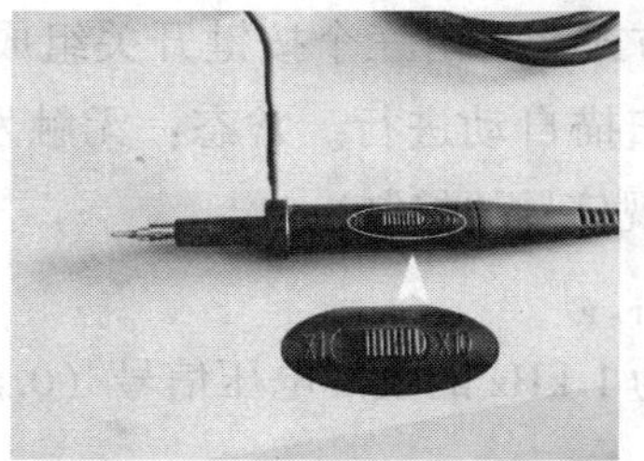

图7—2—5 探头的使用

小提示

如果要测量波形的快速上升时间或高频信号，必须将探头的接地线接在被测量点附近，以减小波形的失真。

2）按照被测信号参数的测量方法不同，选择各旋钮的位置，使信号正常显示在荧光屏上，记录测量的读数或波形。测量时必须注意将Y轴偏转因数微调旋钮和X轴扫描微调旋钮旋至“校准”位置。因为只有在“校准”时才可按开关“V/Div”及“T/Div”的指示值计算所得测量结果。同时还应注意，面板上标定的垂直偏转因数“V/Div”中的“V”是指峰—峰值。

3）根据记下的读数进行分析、运算、处理，得到测量结果。

3. 双踪示波器的使用注意事项

（1）使用前必须检查电网电压是否与示波器要求的电源电压相一致。

（2）通电后需要预热15 min再调整各旋钮。必须注意亮度不可开得过大，且亮点不可长期停留在一个位置上，以免缩短示波管的使用寿命。仪器短时间不用时可将亮度关小，不必切断电源。

（3）通常信号引入线都需使用屏蔽电缆。示波器的探头有的带有衰减器，读数时需加以注意。各种型号示波器的探头要专用。

四、双踪示波器在电气测量中的应用

1. 电压的测量

利用示波器所做的任何测量，最终都归结为对电压的测量。示波器不仅可以测量直流电压、正弦电压、脉冲或非正弦电压的幅度，而且还可以测量各种电压的波形以及相位，这是其他任何电压测量仪器都不能比拟的。

常用的直接测量法，就是直接从屏幕上测量出被测电压波形的高度，然后换算成电压值。

小提示

定量测试电压时，一般把Y轴偏转因数微调旋钮转至“校准”位置上，这样，就可以从“V/Div”的指示值和被测信号占据的纵轴坐标值直接计算出被测电压值，因此，直接测量法又称为标尺法。

（1）交流电压的测量

将Y轴输入耦合开关置于“AC”位置，显示出输入波形的交流成分。如交流信号的频率很低，则应将Y轴输入耦合开关置于“DC”位置。

将被测波形移至屏幕的中心位置，用“V/Div”开关将被测波形控制在屏幕有效工作范围内，按坐标分度尺的分度读取整个波形在Y轴方向的幅度H，则被测电压的峰—峰值

（V_{P-P}）就等于"V/Div"开关指示值与 H 的乘积。使用探头测量时，应把探头的衰减量计算在内，即把上述计算数值乘以 10。

如图 7—2—6 所示，示波器的 Y 轴偏转因数置于"1 V/Div"挡，被测波形在 Y 轴的幅度 H 为 6 Div，则该信号的峰—峰值为

$$V_{P-P}=6\ \text{Div}\times 1\ \text{V/Div}=6\ \text{V}$$

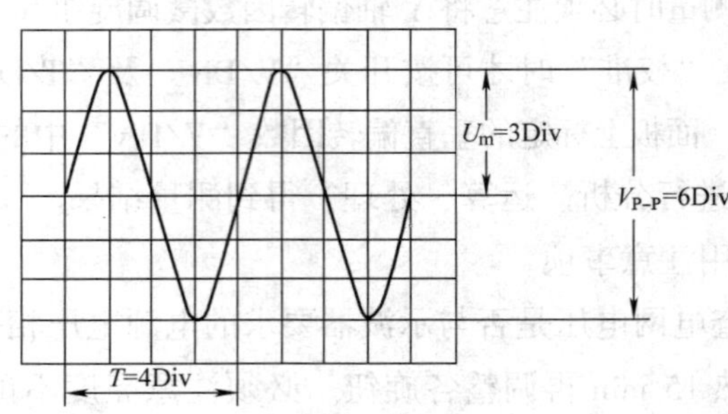

图 7—2—6 正弦电压的测量

最大值为

$$U_m=3\ \text{Div}\times 1\ \text{V/Div}=3\ \text{V}$$

有效值为

$$U=\frac{U_m}{\sqrt{2}}=\frac{3}{\sqrt{2}}\approx 2.12\ \text{V}$$

如果测试时 Y 轴输入端采用了 10∶1 衰减的探头，则 $U=2.12\times 10=21.2$ V。

（2）直流电压的测量

将 Y 轴输入耦合开关置于"GND"位置，触发方式开关置于"自动"位置，使屏幕显示一水平扫描线，此扫描线便为零电平线。

将 Y 轴输入耦合开关置于"DC"位置，加入被测电压，此时，扫描线在 Y 轴方向产生跳变位移 H，被测电压即为"V/Div"开关指示值与 H 的乘积。

直接测量法简单易行，但误差较大。产生误差的原因主要有读数误差、视觉误差和示波器的系统误差（衰减器、偏转系统误差，示波管边缘效应）等。

2．时间和周期的测量

示波器中的扫描发生器能产生与时间呈线性关系的扫描线，因此，可以用荧光屏的水平刻度来测量波形的时间参数，如周期性信号的重复周期、脉冲信号的宽度、时间间隔、上升时间（前沿）和下降时间（后沿）、两个信号的时间差等。

小提示

测量时，要先将示波器的 X 轴扫描微调旋钮转到"校准"位置，显示波形在水平方向分度所代表的时间才能按"T/Div"开关的指示值直接用于计算，从而准确地求出被测

信号的时间参数。

(1) 脉冲参数的测量

用双踪示波器测量脉冲波形参数时，由于其 Y 轴电路中有延迟电路，使用内触发方式能很方便地测出脉冲波形的上升沿和下降沿的时间，如图 7—2—7a 所示，测量上升沿的时间时，可调整脉冲幅度，使其占 5 Div 左右，并使 10% 和 90% 电平处于网格上，这样能很容易读出上升沿的时间。测量脉冲宽度时，可将脉冲幅度调整到占 6 Div 左右，这时 50% 电平也恰在网格线上，如图 7—2—7b 所示。测量脉冲幅度时，适当调整“V/Div”，使显示的波形较大，从而较容易读出刻度值，如图 7—2—7c 所示。

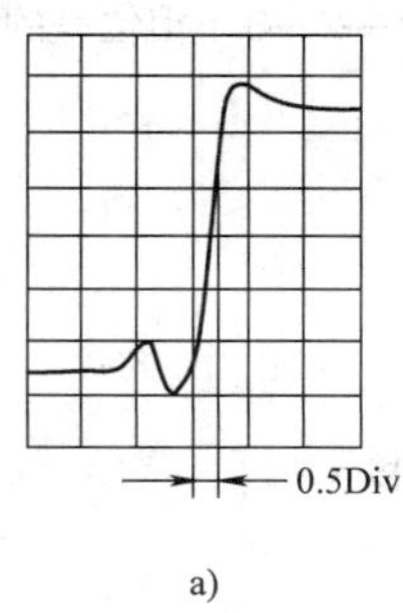

a)

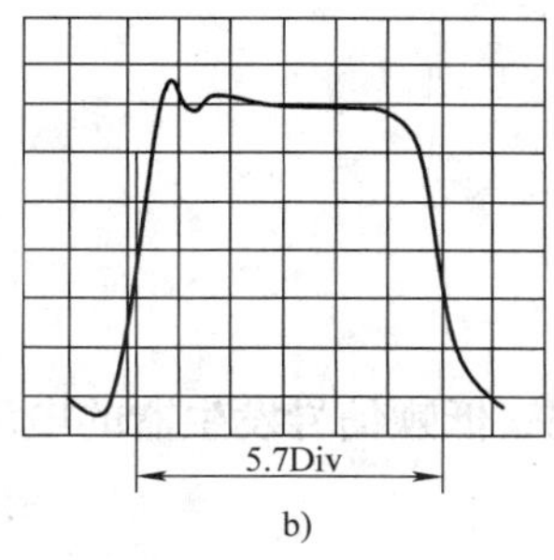

b)

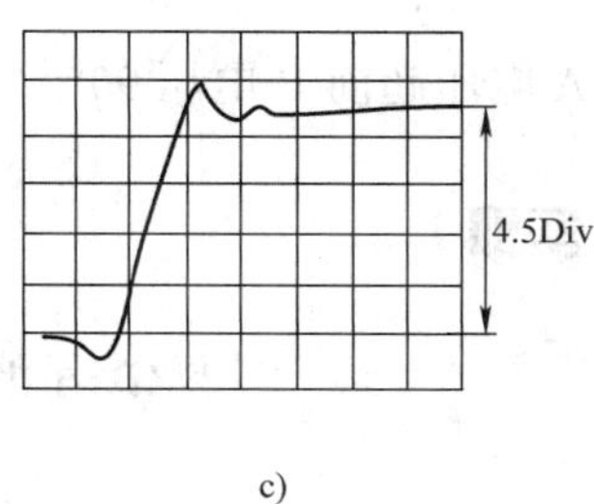

c)

图 7—2—7　脉冲参数的测量

a) 测量上升沿的时间　b) 测量脉冲宽度　c) 测量脉冲幅度

若测量图 7—2—7 所示波形参数，已知 Y 轴偏转因数为 1 V/Div，扫描偏转因数为 2 μs/Div,则可得测量结果为

脉冲上升时间：0.5 Div × 2 μs/Div = 1.0 μs

脉冲宽度：5.7 Div × 2 μs/Div = 11.4 μs

脉冲幅度：4.5 Div × 1 V/Div = 4.5 V

小提示

由示波器读出的上升时间包括示波器本身的上升时间，故要求示波器本身的上升时间应小于被测脉冲上升时间的 1/3，否则将会带来很大的误差。

(2) 周期的测量

如图 7—2—6 所示，若已知扫描偏转因数为 1 μs/Div，则该正弦波的周期为

$$T = 4\ \text{Div} \times 1\ \mu\text{s/Div} = 4\ \mu\text{s}$$

由此可计算出该波形的频率为

$$f = \frac{1}{T} = \frac{1}{4 \times 10^{-6}} = 250\ 000\ \text{Hz} = 250\ \text{kHz}$$

(3) 相位的测量

利用双踪示波器可以方便地测量两个同频率正弦交流电的相位，具体方法是：在

CH1、CH2 输入插孔分别输入两个正弦波电压，显示开关置于“交替”位置，调节 Y 移位，使两个电压波形对称于水平中心轴，波形如图 7—2—8 所示。波形与中心轴交点 a、b 即为 A 电压的一个周期 T。a、c 之间则是两电压的相位差，若相位差角度为 φ，则

$$\varphi = \frac{X_{ac}}{X_{ab}} \times 360°$$

图中，$X_{ac} = 2$ Div，$X_{ab} = 8$ Div，则

$$\varphi = \frac{2}{8} \times 360° = 90°$$

即 A 电压超前 B 电压 90°。

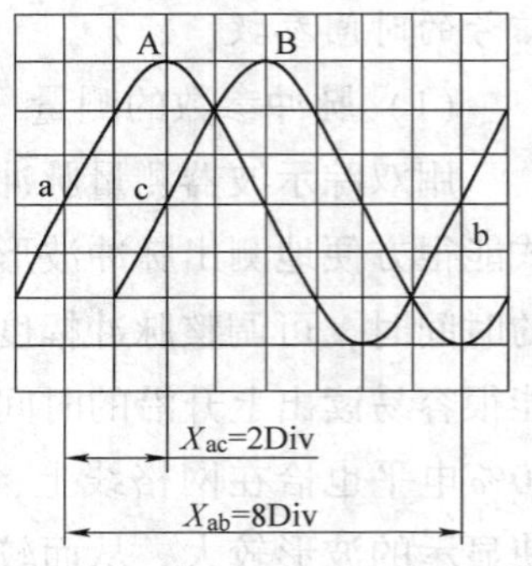

图 7—2—8　相位差的测量

实训 1

用双踪示波器观察低频信号发生器的电压波形

一、实训目的

1. 熟悉双踪示波器的基本操作。
2. 能使用双踪示波器观察低频信号发生器的电压波形。

二、实训设备与工具

双踪示波器 1 台，低频信号发生器 1 台，220 V 交流电源 1 处，连接导线若干。

三、实训内容与步骤

1. 双踪示波器的校准

（1）通电前，先将示波器各开关和旋钮置于相应位置。

（2）调节亮度和聚焦旋钮，使扫描线清晰。

（3）将垂直微调和扫描微调旋钮置于“校准”位置，以便读取 V/Div 和 T/Div 的值。

（4）调节 CH1 垂直移位，使扫描基线处于屏幕正中央。

（5）由探头输入方波校准信号到 CH1 输入端，将“AC — GND — DC”开关置于“AC”位置，使校准信号显示在屏幕上，如图 7—2—9 所示。

（6）读取校准信号的参数并填入表 7—2—2 中。

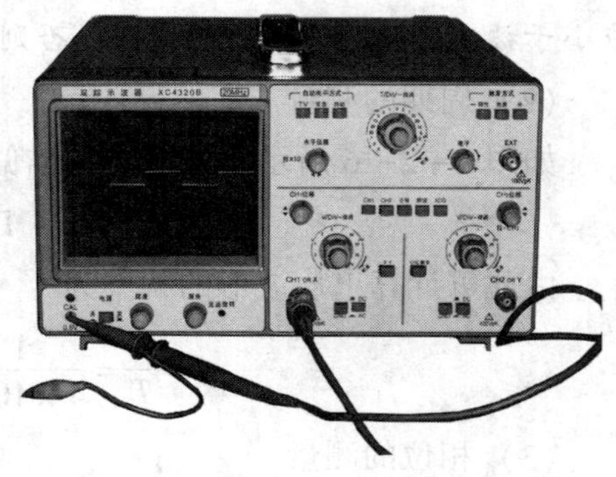

图 7—2—9　校准信号

表 7—2—2　　测量结果记录

被测波形图				
参数	幅值	周期	频率	备注
测量值				

2. 用双踪示波器观察低频信号发生器的电压波形

(1) 熟悉低频信号发生器面板上各旋钮的作用。

(2) 开启示波器电源开关。预热一段时间后，调节示波器有关旋钮，使荧光屏中央出现一条适当亮度的清晰水平线，如图 7—2—10 所示。将 Y 轴输入耦合开关置于“AC”位置。

(3) 将低频信号发生器的接地端与示波器的接地端相连，并将低频信号发生器的输出电压端接在示波器的 CH1 输入端，如图 7—2—11 所示。

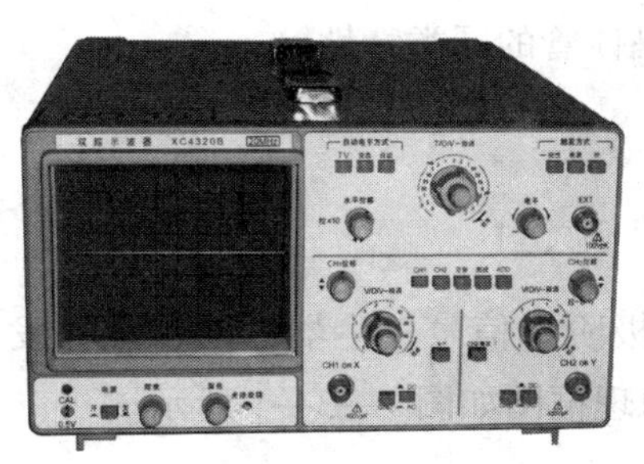

图 7—2—10　屏上出现一条水平亮线

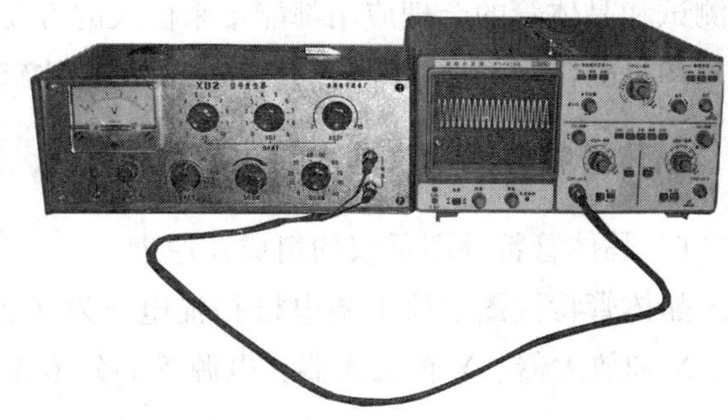

图 7—2—11　连接示波器与低频信号发生器

(4) 接通低频信号发生器的电源开关，将低频信号发生器的频率调至 1 kHz，然后缓慢调节电压调节旋钮，使其输出电压逐渐加大到适当幅度，使屏幕上显示出被测波形。

(5) 将被测波形移至屏幕中心位置，用 V/Div 开关将被测波形控制在屏幕有效工作范围内，按坐标分度尺读取整个波形在 Y 轴方向的读数 H，则被测电压的峰—峰值等于 V/Div 开关指示值与 H 的乘积。再调节示波器的有关旋钮，使荧光屏上出现三个稳定的正弦波形。

小提示

如果使用探头衰减测量时，应将探头的衰减量计算在内，即把上述计算数值乘以 10。

(6) 保持示波器的 T/Div 不变，将低频信号发生器的频率分别调到 2 kHz、500 Hz、250 Hz，观察并分析这三种频率的波形变化。

§7—3　晶体管特性图示仪

学习目标

1. 熟悉晶体管特性图示仪的组成及原理。
2. 掌握晶体管特性图示仪的使用方法。

晶体管特性图示仪是一种能够直接在示波管上显示各种晶体管特性曲线的专用测试仪器，通过屏幕上的标度尺刻度可直接读出晶体管的各项参数。通过多种转换开关的转换，可以测量 PNP 型和 NPN 型三极管的输入特性、输出特性和电流放大特性；各种反向饱和电流，各种击穿电压；各类晶体二极管的正反向特性；场效应管的漏极特性、转移特性、夹断电压和跨导等参数。尤其是在晶体管的各种极限参数和击穿特性的观测上，由于测试时采用瞬时电压和瞬时电流，能使被测晶体管只承受瞬时过载而不致造成损坏，对晶体管的测试和晶体管的合理应用都能带来极大的方便。另外，该仪器上备有两个插座，可同时接入两只晶体管，通过开关的转换，能迅速比较两只晶体管的同类特性。

一、晶体管特性图示仪基本知识

1. 晶体管特性图示仪的组成及原理

晶体管特性图示仪由集电极扫描电压发生器、基极阶梯信号发生器、同步脉冲发生器、X 轴放大器、Y 轴放大器、电源等部分组成，其原理框图如图 7—3—1 所示。

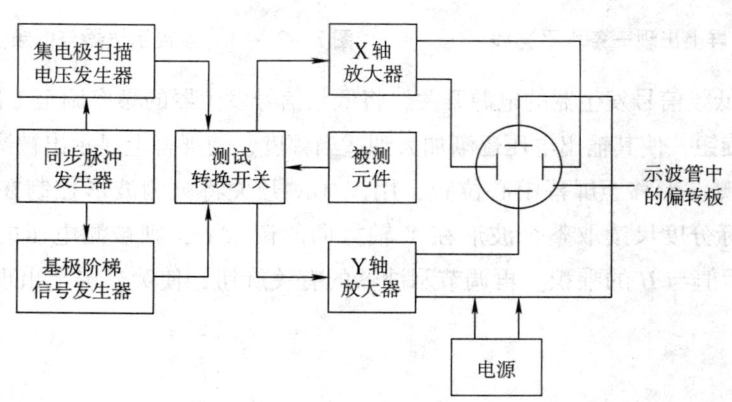

图 7—3—1　晶体管特性图示仪原理框图

（1）集电极扫描电压发生器：作用是产生如图 7—3—2a 所示的集电极扫描电压，它是正弦半波波形，幅值可以调节，用于形成水平扫描线。

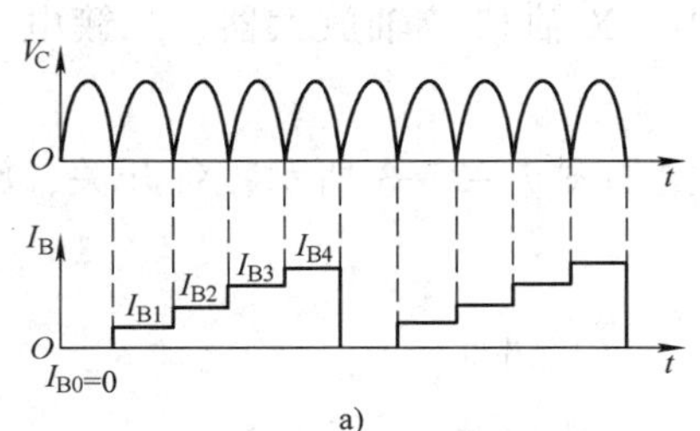

a)

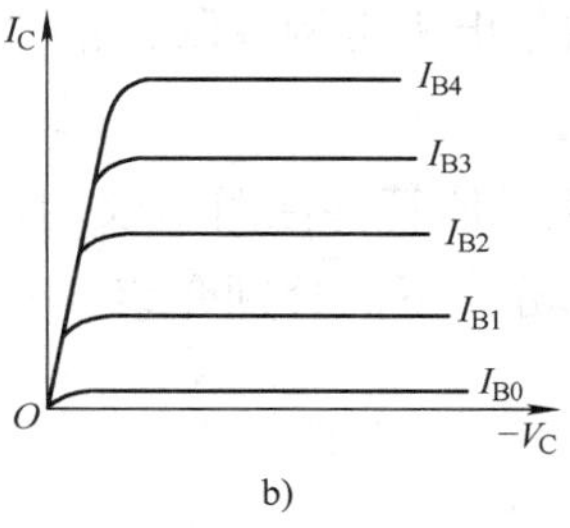

b)

图 7—3—2 晶体三极管特性曲线的产生

a）集电极扫描电压和基极电流信号 b）晶体三极管输出特性曲线簇

对集电极扫描电压的要求是：第一，能够从小到大，再从大到小地重复连续变化。第二，扫描的重复频率要足够快，以免显示出来的曲线闪烁不定。第三，扫描电压的最大值要能根据被测晶体管的要求在几百伏范围内进行调节。

（2）基极阶梯信号发生器：作用是产生如图 7—3—2a 所示的基极阶梯电流信号，阶梯的高度可以调节，用于形成多条曲线簇。

基极阶梯电压由阶梯信号发生器提供，阶梯信号发生器在这里作为基极电源，它所产生的电压称为基极源电压。

（3）同步脉冲发生器：作用是产生同步脉冲，使上述两信号达到同步。

（4）X 轴放大器和 Y 轴放大器：作用是把从被测元件上取出的电压信号进行放大，然后送至示波管的相应偏转板上，以形成扫描曲线。

（5）示波管及控制电路：与通用示波器的电路基本相同。

（6）电源：为仪器提供各种工作电源，包括低压电源和示波管所需的高压电源。

实际使用时，根据需要显示的特性曲线，将集电极扫描电压和阶梯信号电压分别加在示波器的 X 偏转板和 Y 偏转板上，就能显示所需要的特性曲线。例如，要显示共发射极三极管的输出特性曲线时，应在 X 偏转板上加集电极扫描电压，Y 偏转板上加与集电极电流成正比的电压（该电压由集电极电流通过取样电阻获得）。同时，在基极上加相应的阶梯电流。由于阶梯电流跳变的时间和集电极扫描电压的周期是一一对应的（图 7—3—2a），所以在屏幕上就会自动显示出如图 7—3—2b 所示的输出特性曲线簇。从图中可以看出，在每个集电极电压的扫描周期内，电子束在屏幕上完成正程和逆程各一次。由于扫描电压的上升和下降是对称的，故正程和逆程重合。特性曲线簇的各条曲线不是同时出现的，但是由于荧光屏的余辉作用和人眼视觉残留效应，只要扫描频率足够高，就会使各条曲线同时存在。改变阶梯信号的级数，可以显示不同根数的输出特性曲线簇。

2. XJ4810 型晶体管特性图示仪简介

XJ4810 型晶体管特性图示仪的测量电路采用了晶体管和集成电路器件，除具有一般的图示功能外，还具有双簇曲线同时显示的功能，使用十分方便。XJ4810 型晶体管特性图示仪主要由集电极电源、阶梯信号发生器、X 轴和 Y 轴放大器、二簇电子开关、高低压电源等组成。

XJ4810 型晶体管特性图示仪的面板布置如图 7—3—3 所示，各开关、旋钮按其功能可分为七大部分。下面分别介绍：

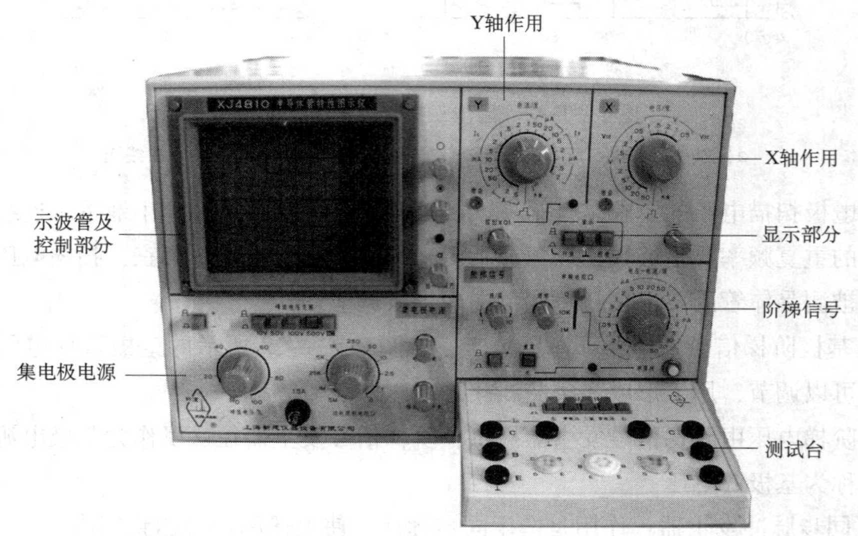

图 7—3—3　XJ4810 型晶体管特性图示仪面板布置图

（1）示波管及控制部分

1）辉度调节旋钮：用于调节曲线的亮度。

2）聚焦调节旋钮：用于调节曲线的清晰度。

3）辅助聚焦旋钮：用于聚焦的辅助调节。

（2）X 轴作用

1）X 轴选择开关：是一个具有 17 挡、4 种作用的旋转开关，用于选择不同的水平偏转灵敏度，它包括：

①集电极电压　从 0.05～50 V/Div 分为 10 挡，通过改变不同的分压电阻，变换 X 轴放大器的输出电压，以达到按不同灵敏度偏转的目的。

②基极电压　从 0.05～1 V/Div 分为 5 挡，通过改变不同的分压电阻，变换 X 轴放大器的输出电压，以达到按不同灵敏度偏转的目的。

③基极电流或基极源电压　由阶梯取样电阻分压，经放大器取得基极电流偏转值，只有一挡。

④外接　是为了扩展测试范围而设置的。外接信号由仪器右侧插孔输入，送至 X 轴放大器放大，只有一挡。

2）X 轴增益：用于连续调节水平幅度。

3）X 轴位移：用于图形水平方向移动的调节。

（3）Y 轴作用

1）Y 轴选择开关：是一个具有 22 挡、4 种作用的旋转开关，用于选择不同的垂直偏转灵敏度，它包括：

①集电极电流　从 10 μA/Div ~ 0.5 A/Div 分为 15 挡，通过选择不同阻值的取样电阻，将电流转换成电压后，经 Y 轴放大器放大而获得被测电流的偏转值。

②二极管反向漏电流　从 0.2 ~ 5 μA/Div 分为 5 挡，通过二极管漏电流取样电阻的作用，将电流转换为电压后，经 Y 轴放大器放大而获得被测电流的偏转值。

③基极电流或基极源电压　由阶梯取样电阻分压，经放大器而取得基极电流偏转值，只有一挡。

④外接　是为了扩展测试范围而设置的。外接信号由仪器右侧插孔输入，送至 Y 轴放大器放大，只有一挡。

2）Y 轴增益：用于连续调节垂直幅度。

3）Y 轴位移：用于图形垂直方向移动的调节。

（4）显示部分

显示开关：是一个 3 挡按键开关，用于显示选择。

①转换　使图像在Ⅰ、Ⅲ象限内相互转换，将测 NPN 管转为测 PNP 管，以简化操作。

②接地　使放大器输入接地，以显示输入为零的基准点。

③校准　对 X 轴、Y 轴放大器进行标度校正。

（5）集电极电源

1）峰值电压范围：是一个 4 挡开关，共分为 0 ~ 10 V（5 A）、0 ~ 50 V（1 A）、0 ~ 100 V（0.5 A）和 0 ~ 500 V（0.1 A）4 挡，用于选择测试所需的集电极最高电压值。

小提示

使用时若需由低挡改换为高挡时，必须先将峰值电压调至零后再换挡，换挡后再按需要将电压逐渐增加，否则易击穿被测晶体管。

2）电压极性：用于改变集电极扫描电压的极性，极性的选择取决于被测器件。当测量共发射极特性曲线时，NPN 型用“+”极性，PNP 型用“-”极性。

3）峰值电压调节旋钮：可以在 0 ~ 10 V、0 ~ 50 V、0 ~ 100 V 和 0 ~ 500 V 之间连续可变，用于在可选择的电压范围内连续调节集电极电压。

4）功耗限制电阻：它串联在被测晶体管的集电极回路中，作用是限制集电极功耗，保护被测晶体管，也可作为集电极负载电阻。

5）电容平衡调节：由于集电极电流输出端对地有各种杂散电容存在，会形成电容性电流，造成测量误差，测试前应调节电容平衡，使电容性电流减至最小。

6）辅助电容平衡：专门针对集电极变压器二次绕组对地电容的不对称而再次进行的电容平衡调节。

7）电源熔丝：为 220 V 交流输入的熔丝，容量为 1 A。

（6）阶梯信号

1）阶梯信号选择开关：它是一个具有 22 挡、2 种作用的开关。基极电流从 0.2 μA ~ 50 mA 共 17 挡，通过改变不同阻值的电阻，使基极电流按所在挡级内的电流值输出，送到被测晶体管。基极源电压从 0.05 ~ 1 V/级共 5 挡，用于选择基极阶梯信号的阶梯大小。

2）极性开关：用于改变基极阶梯信号的极性，极性的选择取决于被测元件：发射极接地时，NPN 型用“+”极性，PNP 型用“-”极性；基极接地时，NPN 型用“-”极性，PNP 型用“+”极性。

3）级/簇调节：用于调节阶梯信号的级数，在 0 ~ 10 范围内可调。

4）阶梯调零：用于调节阶梯信号的零位，测试前应先进行零位校准。

5）重复开关：在需要观察被测管特性曲线簇时，此开关应置于“重复”位置。置于“关”位置时，阶梯信号处于待触发状态。

6）单簇按钮：将单簇按钮按下一次，只输出一级阶梯信号，相应也只显示一条曲线，这便于瞬时测量被测管各项极限参数，避免损坏被测管。使用单簇按钮时，应预先调好电压（电流）/级，使用时出现一次阶梯信号后，电路即回到待触发位置。

7）串联电阻：用于调节基极串联电阻，当阶梯信号选择开关置于电压/级的位置时，串联电阻将串联在被测晶体管的输入回路中。其作用是将基极输入电压变化转变为电流变化。

（7）测试台

XJ4810 型晶体管特性图示仪的测试台如图 7—3—4 所示。

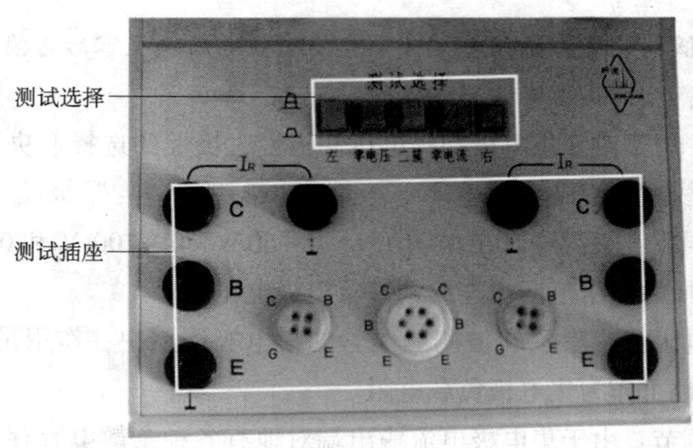

图 7—3—4　XJ4810 型晶体管特性图示仪的测试台

1）测试选择开关：是一个 5 挡按键开关，用于器件测试选择。

①“左”或“右”分别按下时，为左、右两个被测管单独观测。

②“二簇”按下时，可以同时观测左、右两个被测管。

③“零电压”按下时，可进行阶梯信号的零位校准。

④“零电流”按下时，使被测管的基极处于开路状态，可进行 I_{CEO} 的测量。

2）器件插座：测试时用来插入被测器件，适用于测试中小功率晶体管。

3）测试接线柱：可配合外接插座使用，其内部接线较粗，适合测试大功率晶体管。

二、晶体管特性图示仪的使用

1. 使用前的调整

晶体管特性图示仪面板上的开关、旋钮较多，且相互联系密切，使用起来比较复杂。因此，测试前必须认真阅读使用说明书，了解其基本测试原理，熟悉测试方法，同时还应知道被测晶体管的性能规格和测试条件，这样才能进行正确测试。

（1）开启电源开关。指示灯亮，预热 5 min。

（2）调节辉度、聚焦、辅助聚焦旋钮，使屏幕上显示清晰的光点或线条。

（3）根据被测晶体管的特性和测试条件的要求，把 X 轴作用、Y 轴作用、阶梯信号各部分开关及旋钮都调到相应的位置上。

（4）进行阶梯信号调零。其目的是使阶梯信号的起始级为零电位，以保证测量准确度。调零方法如下：当荧光屏上出现阶梯信号后，按下测试台上的零电压键，观察光点停留在荧光屏上的位置，复位后调节阶梯调零旋钮，使阶梯信号的起始级光点仍在该处，则阶梯信号的零位即被校准。

2. 晶体管特性图示仪的使用注意事项

（1）对阶梯信号选择、功耗限制电阻、峰值电压范围三个旋钮，使用时应特别注意，若使用不当会造成被测晶体管的损坏。

（2）测试晶体管的极限参数、过载参数时，应采用单簇阶梯信号，以防过载而损坏被测器件。

（3）测试 MOS 型场效应管时，应特别注意不要使其栅极悬空，以免感应电压过高而引起被测管击穿。

（4）晶体管特性图示仪使用完毕，应随即关断电源，并使仪器各开关旋钮复位，以防下次使用时因疏忽而损坏被测器件。此时应将峰值电压范围开关置于“0～10 V”挡，峰值电压调节旋钮旋到零位，阶梯信号选择开关置于“关”挡，功耗限制电阻置于“10 kΩ 以上”位置。

三、晶体管特性图示仪测试实例

1. 晶体二极管的测试

晶体二极管的基本特性是单向导电性，所以通常需要测量其正反向特性。晶体二极管有检波管、整流管、稳压管等各种类型，其性能和用途各不相同，但测试方法基本一样，下面以测试整流二极管 2CZ82C 和稳压管 2CW19 的参数为例，说明晶体二极管的测试方法。

（1）整流二极管的测试

1）正向特性的测试。测试前先将 X 轴、Y 轴坐标零点移至屏幕左下角，把被测二极管按如图 7—3—5 所示方法接入测试台，再将各开关旋钮置于如下位置：峰值电压范围：0 ~ 10 V；功耗限制电阻：250 Ω；扫描电压极性：（+）；X 轴作用：集电极电压 0.1 V/度；Y 轴作用：集电极电流 10 mA/度；阶梯作用：关。

测试时逐渐调高峰值电压，此时屏幕上可得到如图 7—3—6 所示的正向特性曲线。在此曲线的 Y 轴上 $I_F = 100$ mA 处所对应的 X 轴电压就是二极管正向压降 U_F。

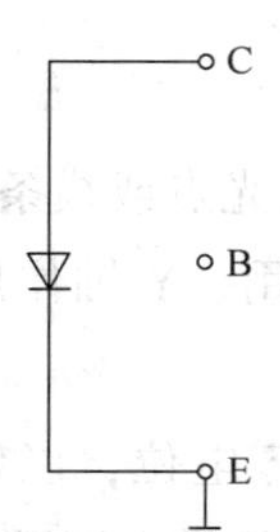

图 7—3—5　二极管的连接方法

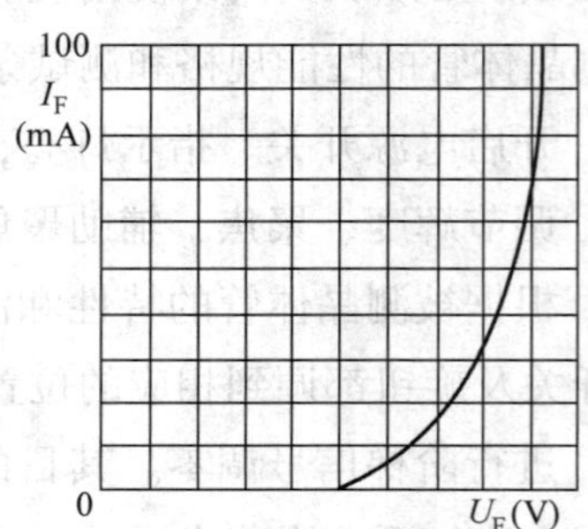

图 7—3—6　二极管的正向特性曲线

2）反向特性的测试。二极管接入方式不变，测试前先将 X 轴、Y 轴坐标零点移至屏幕右上角，将各开关旋钮置于如下位置：峰值电压范围：0 ~ 500 V；功耗限制电阻：10 kΩ；扫描电压极性：（－）；X 轴作用：集电极电压 20 V/度；Y 轴作用：集电极电流 1 μA/度；阶梯作用：关。

测试时逐渐调高峰值电压，屏幕上将得到如图 7—3—7 所示的反向特性曲线，在此曲线的拐点处所对应的 X 轴电压就是反向击穿电压 U_{RM}。

（2）稳压二极管的测试

以 2CW19 稳压管为例，说明稳压二极管的测试方法。按照如图 7—3—8 所示方法将稳压二极管接入测试台，将仪器各旋钮置于如下位置：峰值电压范围：0 ~ 10 V；功耗限制电阻：5 kΩ；X 轴作用：集电极电压 5 V/度；Y 轴作用：集电极电流 1 mA/度。

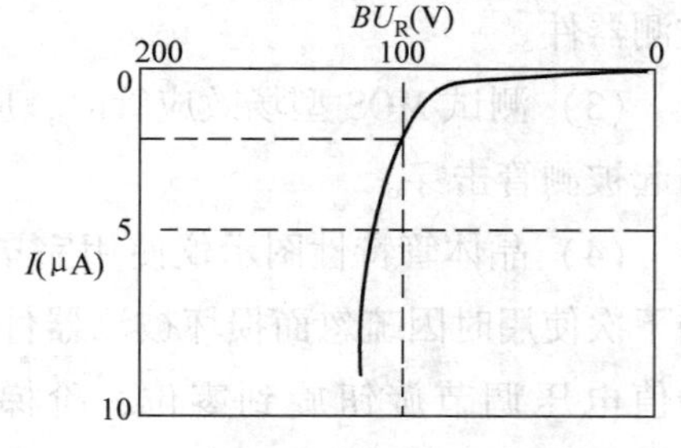

图 7—3—7　二极管的反向特性曲线

测试时逐渐调高峰值电压，屏幕上将得到如图 7—3—9 所示的稳压管特性曲线，由该曲线可得稳压管的稳压值。

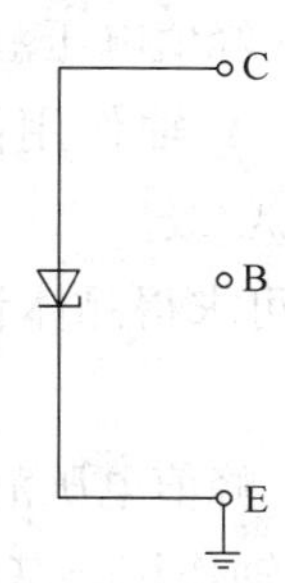

图 7—3—8　稳压管的连接方法

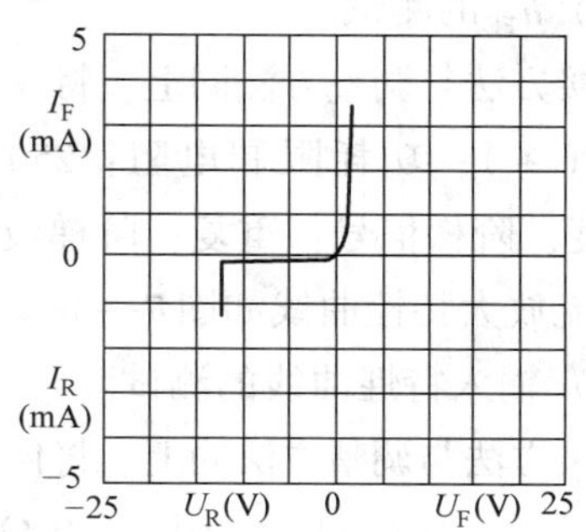

图 7—3—9　稳压管的特性曲线

2. 晶体三极管的测试

晶体三极管分 PNP 型和 NPN 型两大类，它们只是极性不同，其测试原理是相同的，测试方法也基本一样。下面以 NPN 型三极管 3DK2 的参数测试为例，说明晶体三极管的测试方法。

（1）输出特性曲线的测试

连接方法如图 7—3—10 所示，将光点移至屏幕左下角作为坐标零点，并进行基极阶梯信号调零，然后将仪器的开关旋钮置于如下位置：峰值电压范围：0 ~ 10 V；极性：(+)；功耗限制电阻：250 Ω；X 轴作用：集电极电压 0.5 V/度；Y 轴作用：集电极电流 1 mA/度；阶梯信号：重复；阶梯极性：(+)；阶梯选择：20 μA/级。

测试时逐渐调高峰值电压，可得到如图 7—3—11 所示的输出特性曲线。

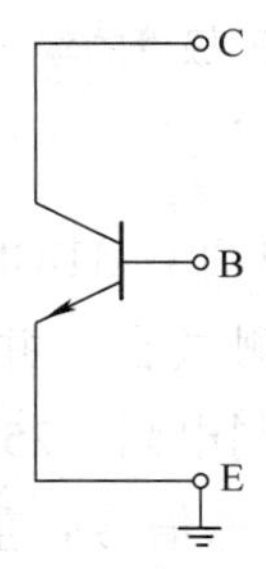

图 7—3—10　三极管的连接方法

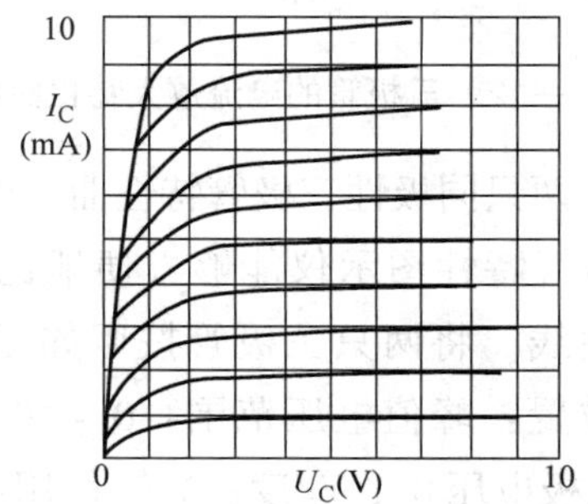

图 7—3—11　三极管 3DK2 输出特性曲线

小提示

在测试中，由于晶体管的离散性较大，其输出特性曲线可能会超出屏幕坐标，此时可将 Y 轴作用开关置于其他挡位。由于输出特性曲线可以反映被测管特性的全貌，因此，可依此对晶体管性能的优劣迅速做出判断。

（2）h_{FE}的测试

连接方法与调整方法同上。将仪器的开关旋钮置于如下位置：峰值电压范围：0 ~ 10 V；极性：（ + ）；功耗限制电阻：250 Ω；X 轴作用：基极电流；Y 轴作用：集电极电流 1 mA/度；阶梯信号：重复；阶梯极性：（ + ）；阶梯选择：20 μA/级。

电流放大特性曲线如图 7—3—12 所示，根据 $h_{FE} = \Delta I_C / \Delta I_B$ 可求得晶体管的 h_{FE}值。

（3）输入特性曲线的测试

连接方法与调整方法同上。将仪器的开关旋钮置于如下位置：峰值电压范围：0 ~ 10 V；极性：（ + ）；功耗限制电阻：100 Ω；X 轴作用：0.1 V/度；Y 轴作用：基极电流或基极源电压；阶梯信号：重复；阶梯极性：（ + ）；阶梯选择：0.1 mA/级。

测试时，逐渐调高峰值电压，可得到如图7—3—13所示的输入特性曲线。读出工作点 Q 处的基极电压 U_{BE}和基极电流 I_B 的值，可得到输入电阻

$$R_{sr} = \frac{\Delta U_{BE}}{\Delta I_B} \Big|_{U_{CE}=5\text{ V}}$$

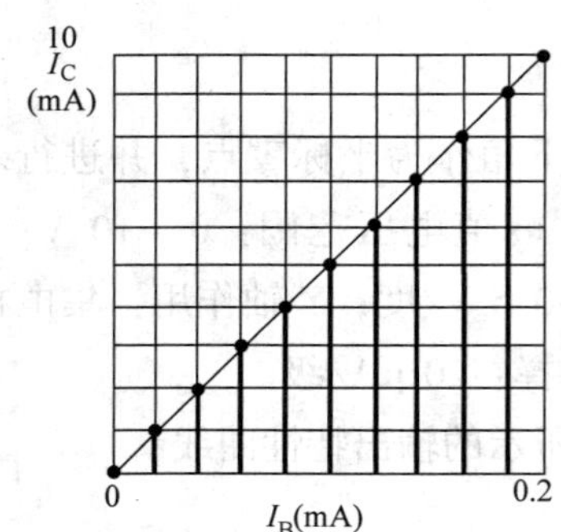

图 7—3—12　三极管的电流放大特性曲线

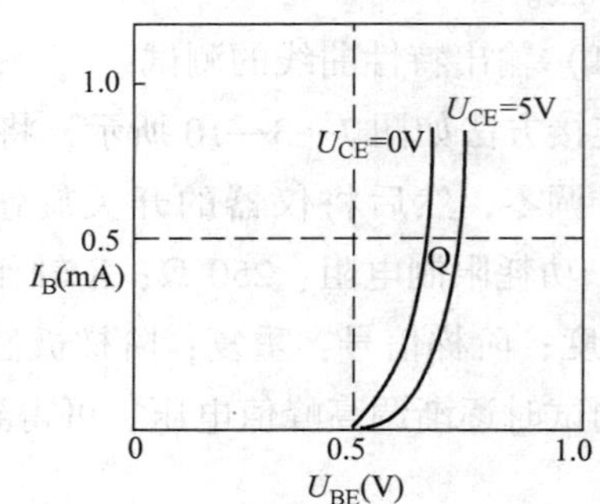

图 7—3—13　三极管的输入特性曲线

（4）两只同极性三极管特性曲线的比较

晶体管特性图示仪能够方便地比较两只同极性三极管（如两只 3DG8 型三极管）的特性曲线。将两只三极管按照如图 7—3—14 所示电路接入测试台，并将各旋钮置于如下位置：峰值电压范围：0 ~ 10 V；极性：（ + ）；功耗限制电阻：250 Ω；X 轴作用：集电极电压 0.1 V/度；Y 轴作用：集电极电流 1 mA/度；阶梯信号：重复；阶梯极性：（ + ）；阶梯选择：10 μA/级。

屏幕上可同时得到两只三极管的特性曲线，如图 7—3—15 所示。当对两管的配对要求较高时，可调节二簇移位旋钮，使右簇曲线向左移动，通过观察两簇曲线的重合程度进行配对选择。

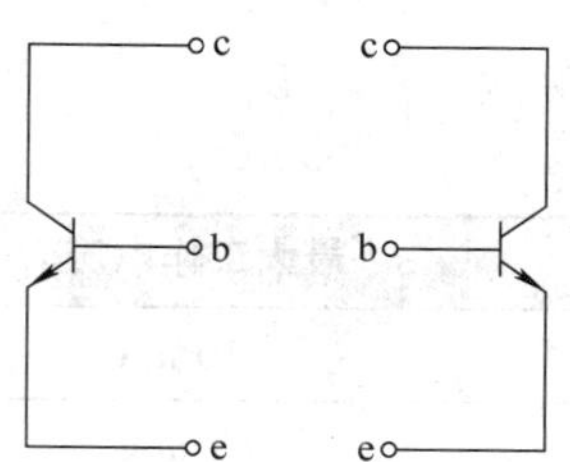

图 7—3—14　两只三极管的连接方法

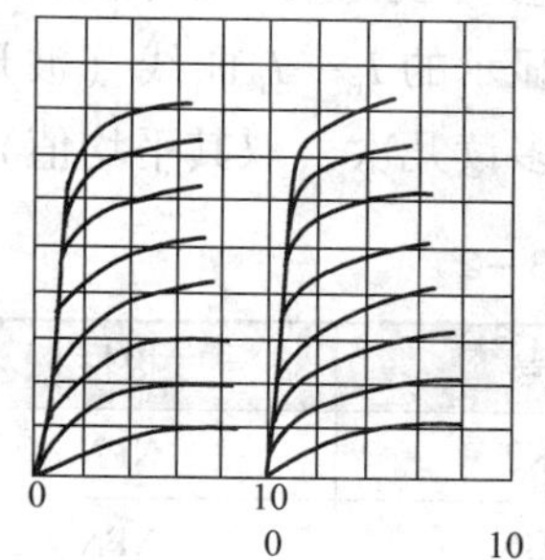

图 7—3—15　两只三极管的特性比较

实训 2

用晶体管特性图示仪测试三极管

一、实训目的

1. 熟悉晶体管特性图示仪的基本操作。
2. 能使用晶体管特性图示仪测试三极管的反向击穿电压和直流电流增益。

二、实训设备与工具

晶体管特性图示仪 1 台，示波器 1 台，电子元器件 1 套。

三、实训内容与步骤

按晶体管特性图示仪的操作规程进行操作前的检查，完成“辉度”和“聚焦”的调节、“灵敏度”的校准和阶梯调零等操作。

（1）测量小功率三极管的特性参数与特性曲线，并将测量结果填入表 7—3—1 中（以 9013 型 NPN 管和 9012 型 PNP 管为例）。

表 7—3—1　　测量结果记录

被测器件	特性参数	特性曲线	
	β	输入特性曲线	输出特性曲线
9013 型 NPN 管			
9012 型 PNP 管			

（2）参考表 7—3—2 中的测试条件进行特性曲线测试，并计算其直流电流增益。

对所显示的 I_B—I_C 曲线（波形）进行观察、记录，读取数据（为了减少误差，同一个数据要多读几次，取其平均值）并计算 h_{FE} 值。

表 7—3—2　　测试条件

型号	极性	最大耐压 U_{CE}	最大工作电流 I_C
3DK2	NPN	20 V	10 mA
3DG6	NPN	20 V	3 mA
2N2907	PNP	60 V	0.8 A
2N222	NPN	60 V	0.8 A

模块八　智 能 仪 器

学习目标

1. 熟悉智能仪器的基本组成和特点。

2. 了解智能仪器的应用场合。

一、智能仪器的结构和特点

智能仪器是计算机技术与电子测量仪器紧密结合的产物，是内含微型计算机或微处理器，能够按照预定的程序进行一系列测试的测量仪器，并具有对测量数据进行存储、运算、分析与判断、接口输出及自动化操作等功能。

1. 智能仪器的基本结构

智能仪器实际上是一个专用的微型计算机系统，它由硬件和软件两大部分组成。

(1) 硬件结构

硬件部分主要包括主机电路、模拟量输入/输出通道、人机接口电路、通信接口电路，如图 8—1—1 所示。

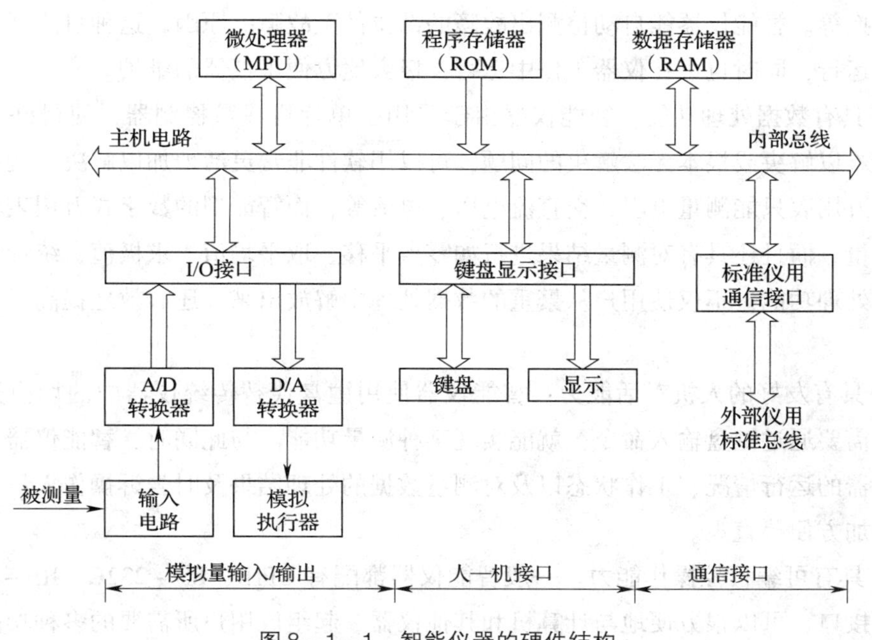

图 8—1—1　智能仪器的硬件结构

主机电路用来存储程序、数据，并进行一系列的运算和处理，它通常由微处理器、程序存储器、数据存储器及输入/输出接口电路等组成，它本身就是一个单片微型计算机。

模拟量输入/输出通道用来输入/输出模拟信号，主要由 A/D 转换器、D/A 转换器和有关的模拟信号处理电路组成。

人机接口电路是沟通操作者和仪器的桥梁，主要由仪器面板中的键盘和显示器组成。

通信接口电路用于实现仪器与计算机的联系，以便使仪器可以接收计算机的程控命令。

（2）软件结构

智能仪器的软件分为监控程序和接口管理程序两部分。监控程序是面向仪器键盘和显示器的管理程序；接口管理程序是面向通信接口的管理程序，接收并分析来自通信接口总线的远控命令。

2. 智能仪器的主要特点

（1）操作自动化。仪器的整个测量过程如键盘扫描、量程选择、开关启动/闭合以及数据的采集、传输与处理、显示与打印等都用单片机或微控制器来控制操作，实现测量过程的全部自动化。

（2）具有自测功能，包括自动调零、自动故障与状态检验、自动校准、自诊断及量程自动转换等。智能仪器能自动检测出故障的部位甚至故障的原因。这种自测试可以在仪器启动时运行，同时也可在仪器工作中运行，极大地方便了仪器的维护。

（3）具有数据处理功能。智能仪器由于采用了单片机或微控制器，使得许多原来用硬件逻辑难以解决或根本无法解决的问题，可以用软件非常灵活地加以解决。例如，传统的数字式万用表只能测量电阻、交直流电压、电流等，而智能型的数字式万用表不仅能进行上述测量，而且还具有对测量结果进行如零点平移、取平均值、求极值、统计分析等复杂的数据处理功能，不仅使用户从繁重的数据处理中解放出来，还有效地提高了仪器的测量精度。

（4）具有友好的人机对话能力。智能仪器使用键盘代替传统仪器中的切换开关，操作人员只需要通过键盘输入命令，就能实现某种测量功能。与此同时，智能仪器还通过显示屏将仪器的运行情况、工作状态以及对测量数据的处理结果及时告诉操作人员，使仪器的操作更加方便、直观。

（5）具有可编程控操作能力。一般智能仪器都配有 GPIB、RS－232C、RS－485 等标准的通信接口，可以很方便地与计算机和其他仪器一起组成用户所需要的多种功能的自动测量系统，用于完成更复杂的测试任务。

二、独立式智能仪器

独立式智能仪器简称智能仪器，即前述的自身带有微处理器和通信接口的能独立进行测试工作的电子仪器。

独立式智能仪器在结构上自成一体，因而使用灵活、方便，并且仪器的技术性能可以做得很高。这类仪器在技术上已经比较成熟，正在或已经成为当前电子实验室的主流仪器模式，如图 8—1—2 所示为典型的智能仪器——数字多用表。

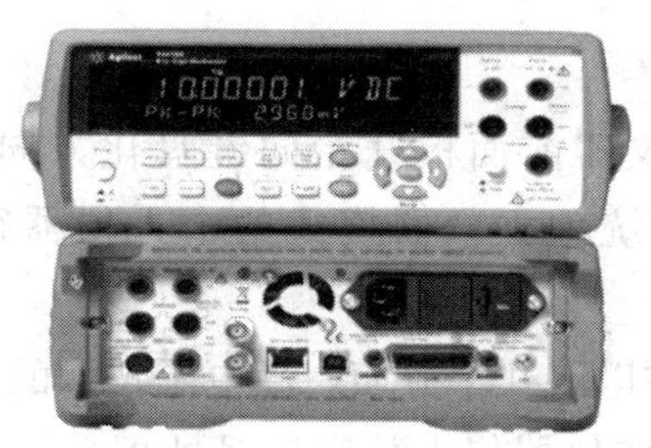
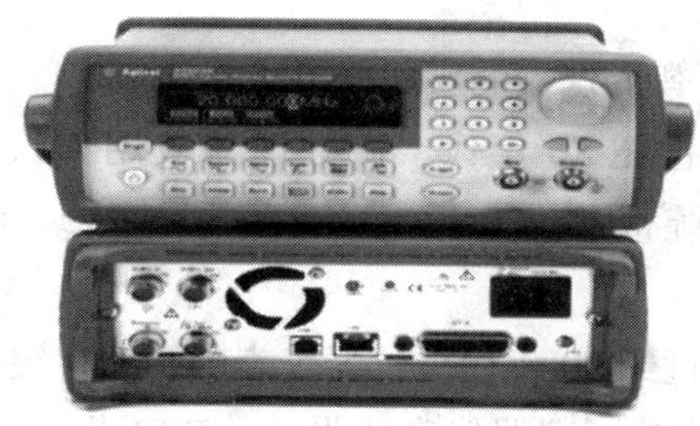

图 8—1—2　数字多用表

目前，大多数传统的电子仪器已有相应换代的智能仪器产品。

三、自动测试系统

自动测试系统是将一台计算机与多台带有标准仪器总线接口的智能仪器组合而成的仪器系统，计算机作为仪器系统的控制者，通过执行测试软件，实现对测量全过程的控制与测量结果的处理，如图 8—1—3 所示为典型的自动测试系统。

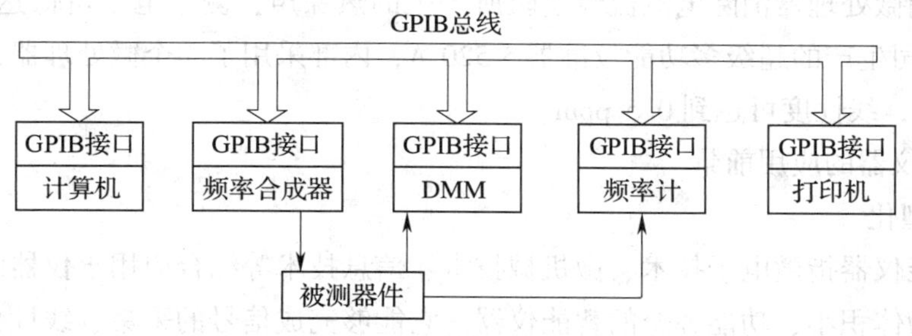

图 8—1—3　典型的自动测试系统

通常，自动测试系统包括以下五部分：

（1）控制器：主要是计算机，如小型机、个人计算机、微处理机、单片机等，是系统的指挥及控制中心。

（2）程控仪器设备：包括各种程控仪器、激励源、程控开关、程控伺服系统、执行元件，以及显示、打印、存储等设备，能完成一定的具体测试及控制任务。

（3）总线与接口：是连接控制器与各程控仪器、设备的通路，完成消息、命令、数据的传输与交换，包括插卡、插槽及电缆等。

（4）测试软件：为了完成系统测试任务而编制的、在控制器上运行的各种应用软件，如测试主程序、驱动程序、数据处理程序，以及输入/输出软件等。

（5）被测对象：随测试任务的不同，被测对象往往是千差万别的，由操作人员通过测试电缆、接插件、开关等与程控仪器和设备相连。

四、智能仪器的发展

1．智能仪器的发展概况

20 世纪 80 年代，微处理器被用到仪器中，仪器前面板开始向键盘化方向发展，测量系统常通过 IEEE—488 总线连接。不同于传统独立仪器模式的个人仪器得到了发展。

20 世纪 90 年代，仪器仪表的智能化突出表现在以下几个方面：微电子技术的进步更深刻地影响了仪器仪表的设计；DSP 芯片的问世，使仪器仪表数字信号处理功能大大加强；微型机的发展，使仪器仪表具有更强的数据处理能力；图像处理功能的增加十分普遍；VXI 总线得到广泛的应用。

近年来，智能化测量控制仪表的发展尤为迅速。国内市场上已经出现了多种多样的智能化测量控制仪表，例如，能够自动进行差压补偿的智能节流式流量计，能够进行程序控温的智能多段温度控制仪，能够实现数字 PID 和各种复杂控制规律的智能式调节器，以及能够对各种谱图进行分析和数据处理的智能色谱仪等。

国际上智能测量仪表更是品种繁多，例如，美国 RACA－DANA 公司的 9303 型超高电平表，利用微处理器消除电流流经电阻所产生的热噪声，测量电平可低达－77 dB；美国 FLUKE 公司生产的超级多功能校准器 5 520 A，内部采用了 3 个微处理器，其短期稳定性达到 1 ppm，线性度可达到 0. 5 ppm。

2．智能仪器的应用前景

（1）微型化

微型智能仪器指微电子技术、微机械技术、信息技术等综合应用于仪器的生产中，从而使仪器成为体积小、功能齐全的智能仪器。它能够完成信号的采集、线性化处理及数字信号处理，控制信号的输出、放大，并与其他仪器的接口、与人进行交互等。随着微电子技术、微机械技术及信息技术的不断发展，微型智能仪器技术不断成熟，价格不断降低，其应用领域也将不断扩大。它不但具有传统仪器的功能，而且能在自动化技术、航天、军事、生物技术、医疗领域起到独特的作用。例如，要求同时测量一个病人的几个不同的参量，并进行某些参量的控制，通常要在病人的体内插入几根管子，这增加了病人感染的机会，微型智能仪器能同时测量多个参数，而且体积小，可植入人体，使得这些问题得到了解决。

（2）多功能

多功能本身就是智能仪器仪表的一个特点。例如，为了设计速度较快和结构较复杂的数字系统，仪器生产厂家制造了具有脉冲发生器、频率合成器和任意波形发生器等功能的函数发生器。这种多功能的综合型产品不但在性能上（如准确度）比专用脉冲发生器和频率合成器高，而且在各种测试功能上提供了较好的解决方案。

（3）人工智能化

人工智能是计算机应用的一个崭新领域，利用计算机模拟人的智能，用于机器人、医疗诊断、专家系统、推理证明等各方面。智能仪器的进一步发展将含有一定的人工智能，即代替人的一部分脑力劳动，从而在视觉（图形及色彩辨读）、听觉（语音识别及语言领悟）、思维（推理、判断、学习与联想）等方面具有一定的能力。这样，智能仪器可无须人的干预而自主地完成检测或控制功能。显然，人工智能在现代仪器仪表中的应用，不仅可以解决用传统方法很难解决的一类问题，而且可望解决用传统方法根本不能解决的问题。

（4）网络化

融合 ISP 和 EMIT 技术，实现仪器仪表系统的 Internet 接入。

随着网络技术的飞速发展，Internet 技术正在逐渐向工业控制和智能仪器仪表系统设计领域渗透，实现智能仪器仪表系统基于 Internet 的通信能力，以及对设计好的智能仪器仪表系统进行远程升级、功能重置和系统维护。

ISP 技术是对软件进行修改、组态或重组的一种新技术。它是一种在产品设计、制造过程中的每个环节，甚至在产品卖给最终用户以后，具有对其器件、电路板或整个电子系统的逻辑和功能随时进行组态或重组能力的技术。ISP 技术消除了传统技术的某些限制和连接弊病，有利于在板设计、制造与编程。ISP 硬件灵活且易于软件修改，便于设计开发。由于 ISP 器件可以像其他任何器件一样，在印刷电路板上进行处理，因此，编程 ISP 器件不需要专门的编程器和较复杂的流程，只需要通过计算机、嵌入式系统处理器甚至 Internet 远程网进行编程。

EMIT 技术是一种将单片机等嵌入式设备接入 Internet 的技术。利用该技术，能够将 8 位和 16 位单片机系统接入 Internet，实现基于 Internet 的远程数据采集、智能控制、上传/下载数据文件等功能。

（5）虚拟化

测量仪器的主要功能有数据采集、数据分析和数据显示。在虚拟系统中，数据分析和数据显示完全用计算机软件来完成。因此，只需要额外提供一定的数据采集硬件，就可以与计算机组成测量仪器。这种基于计算机的测量仪器称为虚拟仪器。在虚拟仪器中，使用同一个硬件系统，只需要应用不同的软件编程，就可得到功能完全不同的测量仪器。可见，软件系统是虚拟仪器的核心，软件就是仪器。

传统的智能仪器主要在仪器技术中应用了某种计算机技术，而虚拟仪器则强调在通用的计算机技术中吸收仪器技术。作为虚拟仪器核心的软件系统具有通用性、通俗性、可视性、可扩展性和升级性，能为用户带来极大的利益，因此，具有传统的智能仪器所无法比拟的应用前景和市场。

模块九　电路综合实训

晶体管直流稳压电源的调试

一、实训目的

1. 能熟练使用电子仪器调试晶体管直流稳压电源。
2. 培养学生分析问题和解决问题的能力。

二、实训设备与工具

直流电流表 1 块，直流电压表 1 块，毫伏表 1 块，双踪示波器 1 台，调压器 1 台，滑动变阻器（0 ~ 200 Ω，2 A）1 只。

三、实训内容与步骤

（1）分析串联型直流稳压电源电路原理图（图 9—1—1），并正确接线。

（2）在电路未通电时，先将调压器的输出调节到 220 V，接通电源，观察电路是否正常工作。正常情况下，发光二极管亮；若不亮，关闭电源，分析并排除故障。

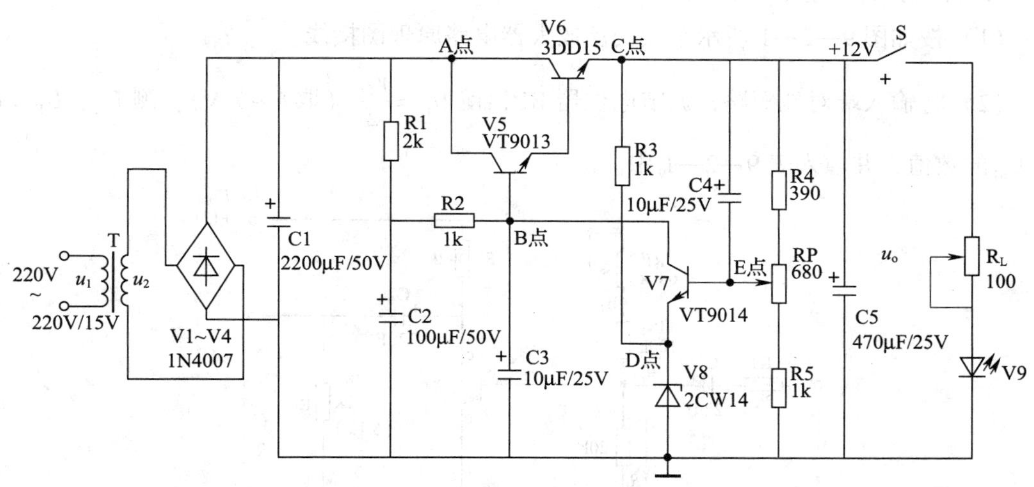

图 9—1—1　串联型直流稳压电源电路原理图

（3）在上述两步骤完成无误后，不接负载，调节 RP 使输出电压为 12 V（u_o）。调节调压器使交流电在 195 ~ 245 V 范围变化时，输出电压保持 12 V 不变。

（4）关闭电源，连接负载 R_L 和电流表。接通电源，调节 R_L 的大小，测量输出电流的范围为________（输出电压保持 12 V 不变）。

（5）用毫伏表测量纹波电压值为________。

（6）用示波器观察变压器二次侧波形，整流后有滤波和无滤波的波形，稳压后的波形，并画出波形。

综合实训 2

单级交流放大器测试

一、实训目的

1. 能熟练使用电子仪器测试单级交流放大器。
2. 培养学生分析问题和解决问题的能力。

二、实训设备与工具

示波器 1 台，毫伏表 1 块，数字万用表 1 块，函数信号发生器 1 台，分立元件放大电路模块 1 个。

三、实训内容与步骤

1. 测量并计算静态工作点。

（1）按如图 9—2—1 所示单级交流放大器电路原理图接线。

（2）将输入端对地短路，调节电位器 RP，使 $U_C = \frac{V_{CC}}{2}$（取 6 ~ 7 V），测 U_C、U_E、U_B 及 U_{b1} 的数值，并填入表 9—2—1 中。

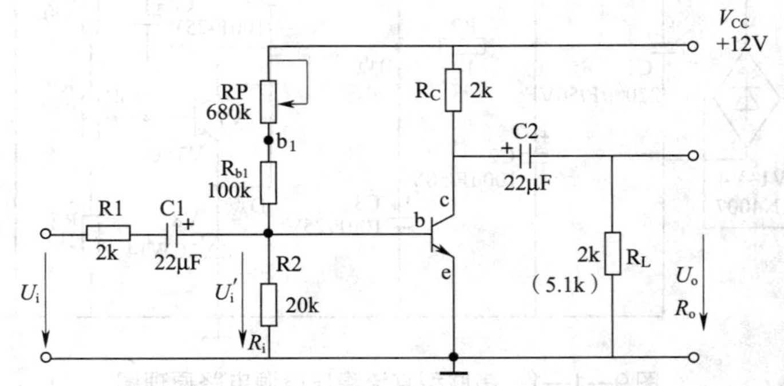

图 9—2—1　单级交流放大器电路原理图

（3）按以下两式计算 I_B、I_C，并填入表 9—2—1 中。

$$I_B = \frac{U_{b1} - U_B}{100\ k} - \frac{U_B}{20\ k} \quad , \quad I_C = \frac{V_{CC} - U_C}{R_C}$$

表 9—2—1　　测量数据记录 1

U_C（V）	U_E（V）	U_B（V）	U_{b1}（V）	I_B（μA）	I_C（mA）

2．测量电压放大倍数并观察输入、输出电压的相位关系。

在步骤 1 的基础上，将输入端与地断开，接入 $U_i = 10$ mV，$f = 1$ kHz 的正弦波信号。设置负载电阻分别为 $R_L = 2$ kΩ 和 $R_L = \infty$。用毫伏表测量输出电压，在不失真的情况下计算电压放大倍数：$A_u = U_o / U_i$，并将数据填入表 9—2—2 中。

用示波器观察输入电压和输出电压的波形，并比较其相位，画出波形（图 9—2—2）。

表 9—2—2　　电压放大倍数 1

R_L（Ω）	U_i（mV）	U_o（V）	A_u
2 k			
∞			

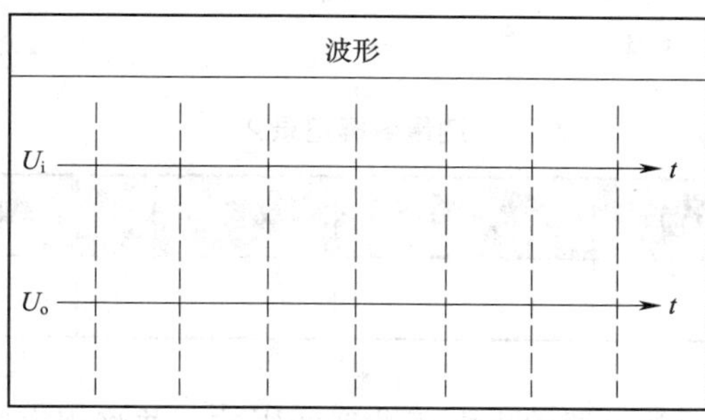

图 9—2—2　输入电压和输出电压波形

3．观察 R_C 对电压放大倍数的影响。

在步骤 2 的基础上，把 R_C 换成 3 k（$R_L = 2$ k），重新测定电压放大倍数，并将数据填入表 9—2—3 中。

表 9—2—3　　电压放大倍数 2

R_C（Ω）	U_i（mV）	U_o（V）	A_u
3 k			

4．观察负载电阻对电压放大倍数的影响。

在步骤2的基础上，把负载电阻换成5.1 k，重新测定电压放大倍数，并将数据填入表9—2—4中。

表9—2—4　　电压放大倍数3

R_L（Ω）	U_i（mV）	U_o（V）	A_u
5.1 k			

5．测量电压参数，计算输入电阻和输出电阻。

（1）调节电位器RP，使 $U_C=\frac{V_{CC}}{2}$（取6~7 V）。

（2）在输入端接入 $U_i=20$ mV，$f=1$ kHz的正弦波信号。

（3）分别测量电阻R1两端的对地信号电压 U_i 及 U_i'，并按下式计算输入电阻 R_i：

$$R_i=\frac{U_i'}{U_i-U_i'}R_1$$

（4）测量负载电阻 R_L 开路时的输出电压 U_∞，和接入 R_L（2 k）时的输出电压 U_o，并按下式计算输出电阻 R_o：

$$R_o=\frac{(U_\infty-U_o)}{U_o}R_L$$

将数据填入表9—2—5中。

表9—2—5　　测量数据记录2

U_i（mV）	U_i'（mV）	R_i（Ω）	U_∞（V）	U_o（V）	R_o（Ω）

6．观察静态工作点对放大器输出电压波形的影响，并将观察结果分别填入表9—2—6和表9—2—7中。

（1）保持输入信号不变，用示波器观察正常工作时输出电压 U_o 的波形。

（2）逐渐减小RP的阻值，观察输出电压的变化。画出输出电压波形出现明显失真时的波形，并说明是哪种失真。如果 $R_P=0Ω$ 时，仍不出现失真，可以增大输入信号 U_i，或将 R_{b1} 由100 k改为10 k，直到出现明显失真波形为止。

（3）逐渐增大RP的阻值，观察输出电压的变化。画出输出电压波形出现明显失真时的波形，并说明是哪种失真。如果 $R_P=1$ MΩ时，仍不出现失真，可以增大输入信号 U_i，直到出现明显失真波形为止。

（4）调节 RP 使输出电压波形不失真且幅值为最大（这时的电压放大倍数最大），测量此时的静态工作点 U_C、U_B、U_{b1}和 U_o。

表 9—2—6　RP 对输出电压波形的影响

阻值	波形	何种失真
正常		
RP 减小		
RP 增大		

表 9—2—7　静态工作点数据

U_{b1}（V）	U_C（V）	U_B（V）	U_o（V）

综合实训 3

负反馈放大电路测试

一、实训目的

1. 能熟练使用电子仪器测试负反馈放大电路的性能指标。
2. 培养学生分析问题和解决问题的能力。

二、实训设备与工具

双踪示波器 1 台，函数信号发生器 1 台，数字万用表 1 块，分立元件放大电路模块 1 个。

三、实训内容与步骤

1. 负反馈放大器开环和闭环放大倍数的测试

负反馈放大电路原理图如图 9—3—1 所示。

（1）开环电路测试

1）按如图 9—3—1 所示电路原理图接线，R_F先不接入。

2）输入端接入 U_i = 1 mV，f = 1 kHz 的正弦波信号，调整接线和相关参数，使输出不失真且无振荡。

3）按表 9—3—1 中的要求进行测量并填表。

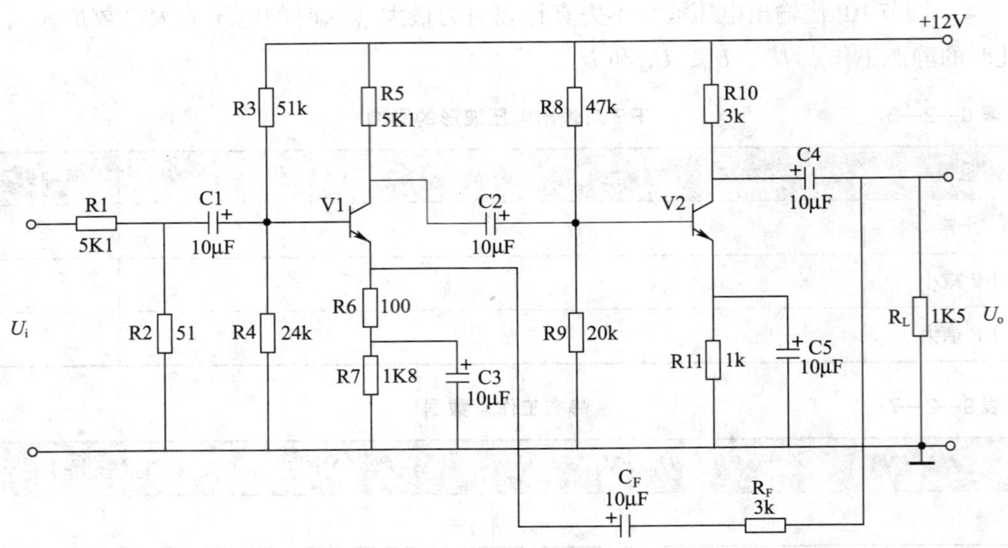

图 9—3—1 负反馈放大电路原理图

（2）闭环电路测试

1）接入 R_F，并按要求调整电路。

2）按表 9—3—1 中的要求进行测量并填表。

3）根据实测结果，验证 $A_u \approx 1/F$（F 为反馈量）。

表 9—3—1 测量数据记录

	R_L（kΩ）	U_i（mV）	U_o（mV）	A_u
开环	∞	1		
	1 K5	1		
闭环	∞	1		
	1 K5	1		

2. 负反馈对失真的改善作用

（1）将如图 9—3—1 所示电路开环，逐渐增加输入电压的幅度，使输出信号出现失真（注意不要过分失真），记录失真波形幅度。

（2）将电路闭环，观察输出情况，并适当增加输入电压的幅度，使输出幅度接近开环时失真波形幅度。

（3）若保持 $R_F = 3\ \text{k}\Omega$ 不变，但将其接入 V1 的基极，会出现什么情况？验证。

（4）画出上述各步骤实测的波形图。

3．放大器频率特性测试

（1）将如图9—3—1所示电路先开环，调整输入电压的幅度（频率为1 kHz），使输出信号在示波器上有满幅正弦波显示。

（2）保持输入信号幅度不变，逐步增加频率，直到波形减小为原来的70%，此时信号频率即为放大器的f_H。

（3）条件同上，逐渐减小频率，测得f_L。

（4）将电路闭环，重复步骤1～3，并将结果填入表9—3—2中。

表9—3—2　　频率记录

	f_H（Hz）	f_L（Hz）
开环		
闭环		

综合实训4

OCL功率放大电路测试

一、实训目的

1．能熟练使用电子仪器测试OCL功率放大电路。

2．培养学生分析问题和解决问题的能力。

二、实训设备与工具

示波器1台，函数信号发生器1台，毫安表1块，数字万用表1块，分立元件OCL功率放大电路模块1个。

三、实训内容与步骤

（1）按如图9—4—1所示OCL功率放大电路原理图进行接线。

（2）测量电源电压E为±12 V时的最大不失真输出功率和效率。

在放大电路输入端输入$U_i=100$ mV，$f=1$ kHz的低频信号，用示波器观察输出电压波形。在无自激振荡的情况下，逐渐增加输入信号电压的幅度，至输出电压波形处于临界失真时，记录最大不失真输出电压U_o，并计算最大输出功率P_{om}和效率η，将结果填入表9—4—1中。

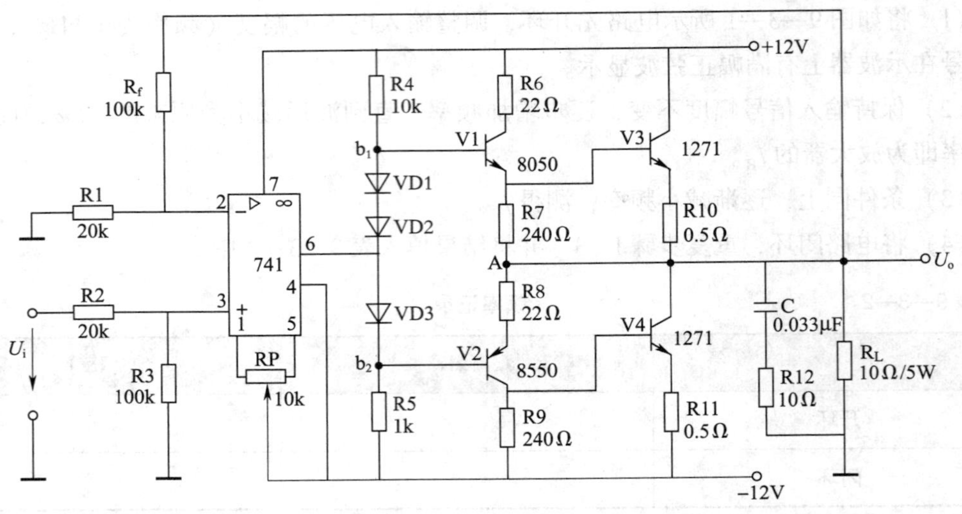

图 9—4—1　OCL 功率放大电路原理图

表 9—4—1　　测量数据记录 1

U_o（V）	I（mA）	$P_{om}=U_o^2/R_L$	$P_V=EI$	$\eta=P_{om}/P_V$

注：P_V 为直流电源提供的功率，E 为直流电源总电压，I 为电路总电流。

（3）测量放大电路在音频（20 Hz～20 kHz）范围内的频率特性。

在 $f=1$ kHz 时，调整输入信号 U_i，使输出信号 $U_o=0.8$ V，然后测量 U_i = ____。保持 U_i 不变，改变信号频率 f，测量所对应的 U_o，将测试结果填入表 9—4—2 中，并画出 U_o-f 曲线。

表 9—4—2　　测量数据记录 2

f	20 Hz	200 Hz	600 Hz	1 kHz	10 kHz	20 kHz
U_o（V）						

（4）观察负反馈深度对波形失真的影响。

1）保持输入信号频率 $f=1$ kHz，用示波器观察输出电压波形。逐渐增加输入信号电压幅度，至输出电压波形失真，在图 9—4—2 中画出波形。

2）加强负反馈（即用 100 kΩ 电阻与原反馈电阻 R_f 并联），观察输出电压波形失真有无变化，并在图 9—4—2 中画出波形。

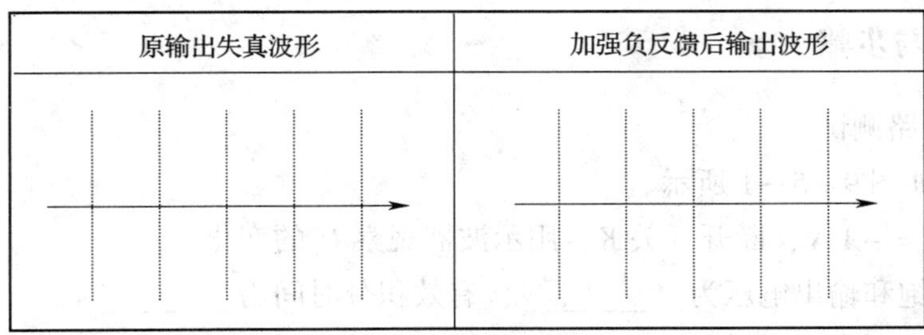

图 9—4—2　波形记录 1

（5）用示波器观察负反馈放大电路的自激振荡现象及消除方法。

调整输入信号，使输出处于临界振荡状态，此时断开校正网络，电路将产生自激振荡。

（6）观察末级工作状态对交越失真的影响。

1）将 b_1 和 b_2 点短路后与 741 的输出端相连接，在正电源端集电极串接毫安表，测其静态电流 I_{CQ3} = ＿＿＿＿＿ mA。

2）在放大电路输入端输入 $U_i = 100$ mV，$f = 1$ kHz 的低频信号，用示波器观察输出电压波形，并画出其交越失真的情况（图 9—4—3）。

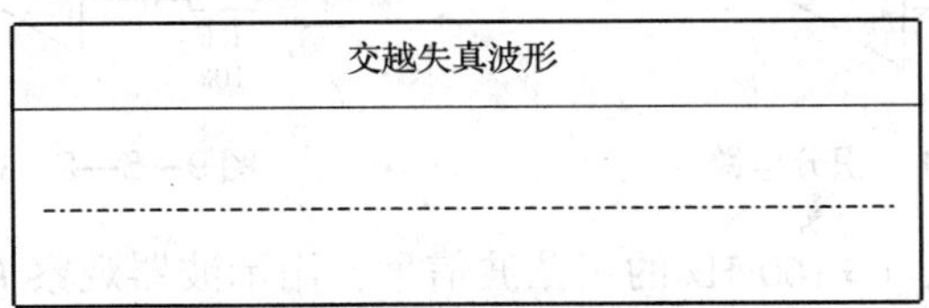

图 9—4—3　波形记录 2

3）用 100 kΩ 电阻与反馈电阻 R_f 并联，加强负反馈，保持输出电压幅度不变，用示波器观察交越失真有无变化。

综合实训 5

积分与微分电路测试

一、实训目的

1. 能熟练使用电子仪器测试积分与微分电路。
2. 培养学生分析问题和解决问题的能力。

二、实训设备与工具

数字万用表 1 块，函数信号发生器 1 台，双踪示波器 1 台，积分—微分电路模块 1 个。

三、实训内容与步骤

1．积分电路测试

积分电路如图 9—5—1 所示。

（1）取 $U_i = -1$ V，断开开关 K，用示波器观察 U_o的变化。

（2）测量饱和输出电压为________ V，有效积分时间为________ s。

（3）将图中电容 C 改为 0.1 μF，断开开关 K，输入端分别输入 $U_i = 2$ V，$f = 100$ Hz 的方波和正弦波信号，观察 U_i和 U_o的大小及相位关系。

（4）改变频率，观察 U_i和 U_o的大小及相位关系。

2．微分电路测试

微分电路如图 9—5—2 所示。

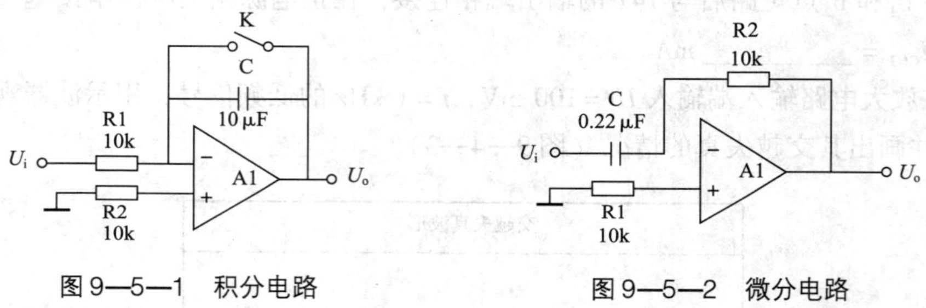

图 9—5—1　积分电路　　　　图 9—5—2　微分电路

（1）输入 $U_i = 1$ V，$f = 160$ Hz 的正弦波信号，用示波器观察 U_i与 U_o的波形并测量输出电压为________ V。

（2）改变正弦波频率 f（20 ~ 400 Hz），分析 U_i与 U_o的相位、幅值变化规律。

（3）输入 $U_i = \pm 5$ V，$f = 200$ Hz 的方波信号，重复上述过程。

3．积分—微分电路测试

积分—微分电路如图 9—5—3 所示。

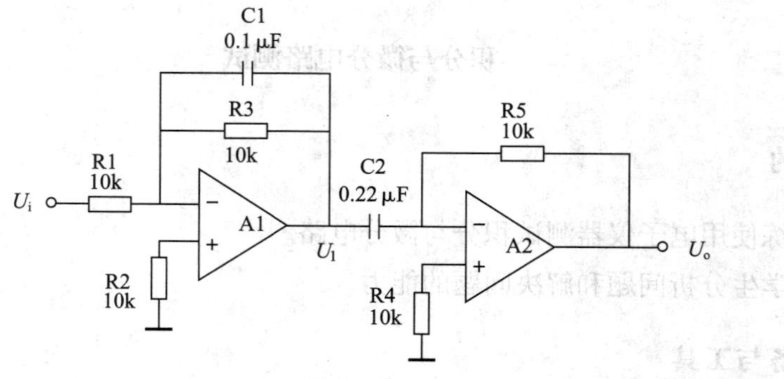

图 9—5—3　积分—微分电路

（1）输入 $U_i = \pm 6$ V，$f = 200$ Hz 的方波信号，用示波器观察 U_i 和 U_o 的波形并记录。

（2）将 f 改为 500 Hz，重复上述过程。

综合实训 6

信号发生与处理电路测试

一、实训目的

1. 能熟练使用电子仪器测试信号发生与处理电路。
2. 培养学生分析问题和解决问题的能力。

二、实训设备与工具

实验箱（台）1 个，示波器 1 台，毫伏表 1 块，频率计 1 个。

三、实训内容与步骤

1. 低通滤波器测试

按如图 9—6—1 所示低通滤波器电路接线。输入端加 1 V 左右的正弦波信号，用示波器观察输出电压波形。改变频率，测量输出电压的大小，并将测量结果填入表 9—6—1 中。

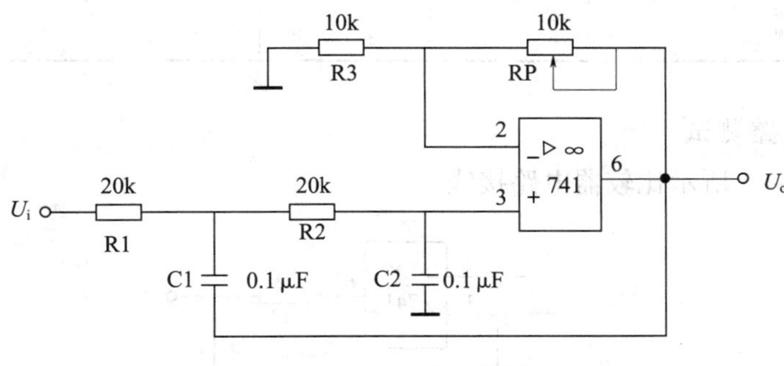

图 9—6—1　低通滤波器

表 9—6—1　　测量数据记录 1

f (Hz)				
U_o (V)				
U_{omax} (V)				
$\frac{U_{omax}}{\sqrt{2}}$ (V)				

2．带通滤波器测试

按如图 9—6—2 所示带通滤波器电路接线。其中心频率为 300 Hz，带宽为 200 Hz。输入端加 1 V 左右的正弦波信号，用示波器观察输出电压波形。改变频率，测量输出电压的大小，并将测量结果填入表 9—6—2 中。

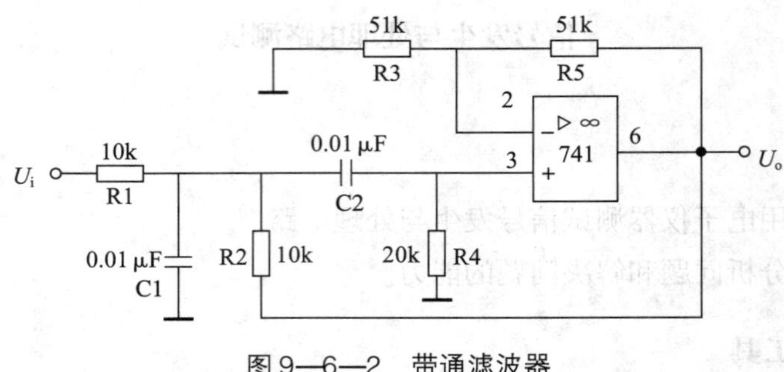

图 9—6—2　带通滤波器

表 9—6—2　　测量数据记录 2

f（Hz）				
U_o（V）				
U_{omax}（V）				
$\frac{U_{omax}}{\sqrt{2}}$（V）				

3．比较器电路测试

按如图 9—6—3 所示比较器电路接线。

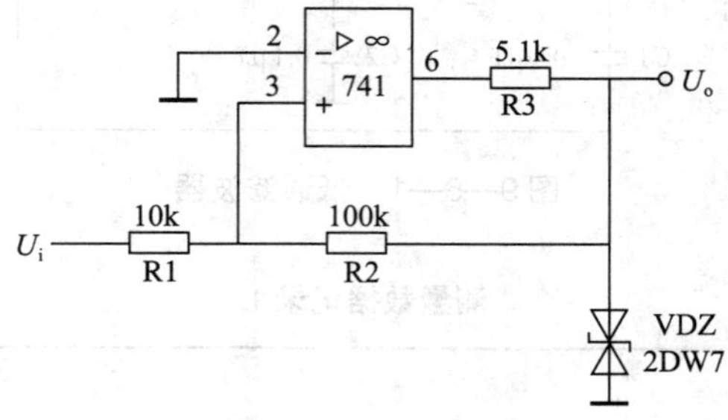

图 9—6—3　比较器

（1）接通电源后，给比较器输入电压为 1 V 的正弦波信号，观察 U_i 和 U_o 的波形并记录（图 9—6—4）。

（2）逐渐减小输入电压，观察输出电压波形的变化情况并记录（图 9—6—4）。

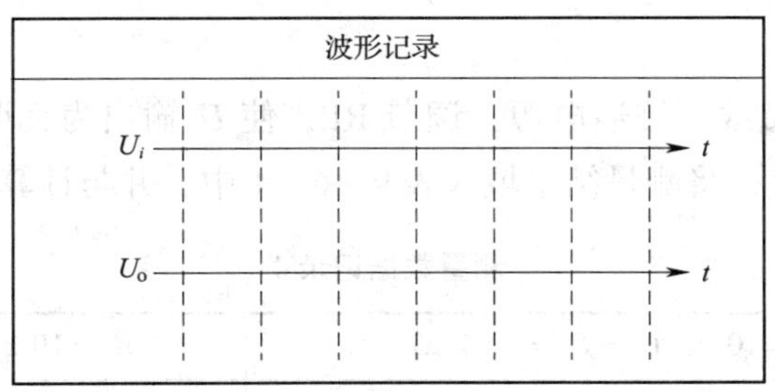

图 9—6—4 波形记录（在图中标注出电压值）

4. RC 正弦波振荡电路测试

按如图 9—6—5 所示 RC 正弦波振荡电路接线（1、2 两点接通）。

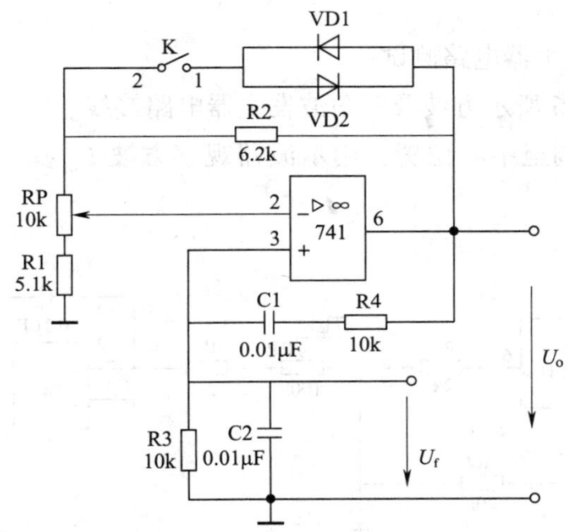

图 9—6—5 RC 正弦波振荡电路

（1）有稳幅环节

接通电源，用示波器观察有无正弦波电压 U_o 输出。若无输出，可调节 RP，使 U_o 为无明显失真的正弦波，并观察 U_o 值是否稳定。

分别测量 $C_1=C_2=0.01$ μF 和 $C_1=C_2=0.02$ μF 时的输出电压 U_o 及频率 f_o，将测量结果填入表 9—6—3 中，并与计算结果相比较。

表 9—6—3 测量数据记录 3

测试条件	$R_P=10$ k，$C_1=C_2=0.01$ μF				$R_P=10$ k，$C_1=C_2=0.02$ μF			
测试项目	U_o（V）		f_o（kHz）		U_o（V）		f_o（kHz）	
	最小	最大	最高	最低	最小	最大	最高	最低
测量值								
计算值								

（2）无稳幅环节

断开1、2两点的接线，接通电源，调节RP，使U_o输出为无明显失真的正弦波，测量输出电压U_o及频率f_o，将测量结果填入表9—6—4中，并与计算结果相比较。

表9—6—4　　测量数据记录4

测试条件	$R_P=10$ k，$C_1=C_2=0.01$ μF				$R_P=10$ k，$C_1=C_2=0.02$ μF			
测试项目	U_o（V）		f_o（kHz）		U_o（V）		f_o（kHz）	
	最小	最大	最高	最低	最小	最大	最高	最低
测量值								
计算值								

5．方波及三角波发生器电路测试

（1）按如图9—6—6所示方波及三角波发生器电路接线。

（2）将电位器RP调至中心位置，用示波器观察方波U_{o1}及三角波U_{o2}的波形并记录（图9—6—7）。

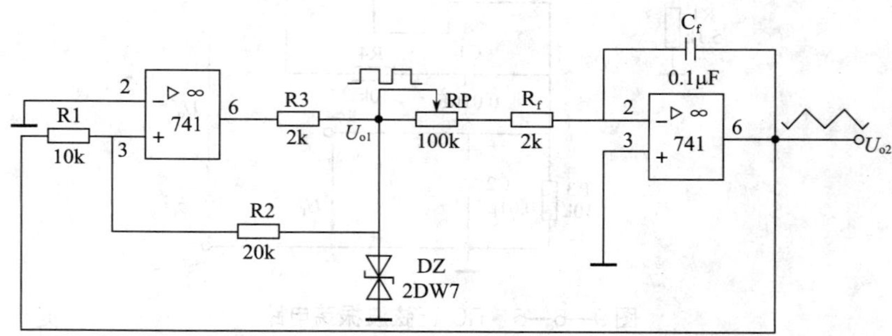

图9—6—6　方波及三角波发生器电路

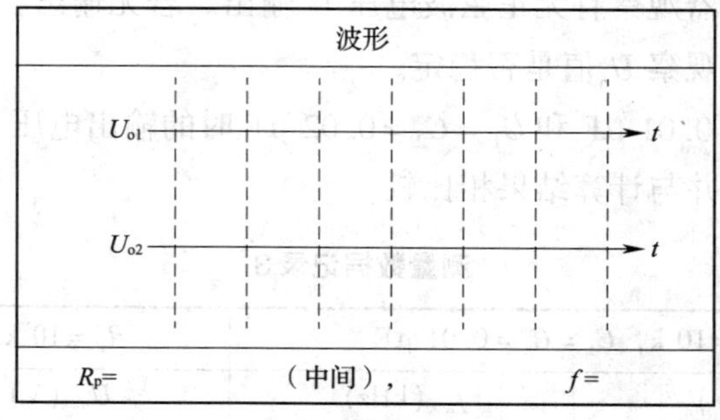

图9—6—7　波形记录

（3）改变RP的位置，观察对U_{o1}和U_{o2}幅值和频率的影响，并将测量结果填入表9—6—5中。

表 9—6—5 测量数据记录 5

	f（kHz）	R_P（Ω）	U_{o1P-P}（V）	U_{o2P-P}（V）
频率最高				
频率最低				

（4）将 RP 调至中间位置，改变 R1 为 10 k 可调电位器，观察对 U_{o1} 和 U_{o2} 幅值和频率的影响，并将测量结果填入表 9—6—6 中。

表 9—6—6 测量数据记录 6

	f（kHz）	R_P（Ω）	U_{o1P-P}（V）	U_{o2P-P}（V）
频率最高				
频率最低				

（5）将 RP 调至中间位置，R1 接 10 k 电阻，改变 R2 为 100 k 可调电位器，观察对 U_{o1} 和 U_{o2} 幅值和频率的影响，并将测量结果填入表 9—6—7 中（记录有波形的测试参数）。

表 9—6—7 测量数据记录 7

	f（kHz）	R_P（Ω）	U_{o1P-P}（V）	U_{o2P-P}（V）
频率最高				
频率最低				